随机决策森林算法及其遥感应用研究

胥海威　著

黄河水利出版社

·郑州·

内 容 提 要

本书是一本系统地论述随机决策森林算法原理及其遥感应用方法的基础理论著作。全书共分为 6 章:第 1 章为绪论,第 2 章为模式识别与决策树分类理论;第 3~5 章为遥感专题应用;第 6 章为结论与展望。

本书内容丰富,具备基础性、适用性与前沿性,可作为遥感科学、测绘科学、空间信息等地球科学领域的参考用书,也可作为有关高等学校师生及广大遥感科学工作者的参考书目。

图书在版编目(CIP)数据

随机决策森林算法及其遥感应用研究/胥海威 著
. —郑州:黄河水利出版社,2023.11
ISBN 978-7-5509-3759-8

Ⅰ.①随… Ⅱ.①胥… Ⅲ.①遥感技术-应用-非参数统计 Ⅳ.①TP7②O212.7

中国国家版本馆 CIP 数据核字(2023)第 200046 号

策划编辑:陶金志 电话:0371-66025273 E-mail:838739632@ qq. com

责任编辑	岳晓娟	责任校对	王单飞
封面设计	李思璇	责任监制	常红昕

出版发行 黄河水利出版社
    地址:河南省郑州市顺河路 49 号 邮政编码:450003
    网址:www.yrcp.com E-mail:hhslcbs@ 126. com
    发行部电话:0371-66020550
承印单位 河南匠心印刷有限公司
开 本 710 mm×1 000 mm 1/16
印 张 6.75
字 数 118 千字
版次印次 2023 年 11 月第 1 版 2023 年 11 月第 1 次印刷
定 价 60.00 元

前　言

党的二十大报告指出,我们要推进美丽中国建设,坚持山水林田湖草沙一体化保护和系统治理,保护环境离不开目前应用最广泛的对地观测手段——遥感,而遥感影像信息提取又是遥感应用技术体系中最基础、最重要的工作。随着遥感在众多领域的普及与应用,对其理论、技术与方法提出了更高的要求。随机决策森林算法作为计算机科学模式识别领域新兴的方法,虽已在科技论文中经常提及,但尚未有基础性、系统性和综合性的著作。

本书是在基于多源时空数据协同的豫西典型滑坡预警技术研究(河南省科技厅科技攻关项目,项目编号222102320473)、多源多时相遥感影像标准化方法研究(河南省教育厅高等学校重点科研项目,项目编号22B420002)的指导支持下,在遥感影像辐射衰减机理及标准化理论研究(河南工程学院博士基金项目,项目编号DKJ2019014)的资助支撑下,依托国家自然科学基金项目(项目编号51308430)等科研项目,在对机器学习领域随机决策森林算法进行多方面改进的基础上,将改进的随机决策森林算法引入遥感影像分类,提高遥感影像分类效果,结合实际应用著作而成。

本书以随机决策森林算法为主题,从理论基础出发,系统阐述该方法的核心思想、演化规律、存在问题及改进措施,并结合多光谱、高光谱和面向对象的遥感信息提取实例,综合分析该方法在实际遥感工作中的表现,进而弥补目前遥感应用领域“重方法而轻理论”的倾向。

感谢笔者母校中南大学的杨敏华教授、邹滨教授、邓敏教授、陈杰教授在本书撰写过程中给予的支持,本书的出版得到了黄河水利出版社的大力支持,在此一并致谢!

由于作者水平有限,书中难免存在不足之处,恳请予以批评指正。

作者
2023 年 6 月

目　录

第 1 章　绪　论

1.1　研究背景与意义

　　遥感作为一门新兴的综合性探测技术科学,发展至今不过 60 年,但因其建立在现代物理学、电子计算机技术、数学方法和地学规律的基础上,发展迅速,已在地球科学生态学、环境科学、海洋科学和大气科学等领域得到广泛的研究和应用,而且随着传感器空间分辨率、光谱分辨率和时间分辨率的不断提高,遥感信息科学在上述学科中的地位也将不断增强。

　　遥感信息科学的发展,为地学提供了全新的研究手段,引起了地学研究范围、内容和方法的重要变化(见图 1-1)。遥感信息科学的理论、技术和方法在国民经济发展中有着广泛的应用,在资源、环境、灾害的调查、监测、分析评估和预测方面发挥着重要应用。它与全球定位系统和地理信息系统科学地融合、渗透和统一,形成了新型的对地观测信息系统,为地学研究提供了新的科学方法和技术手段。

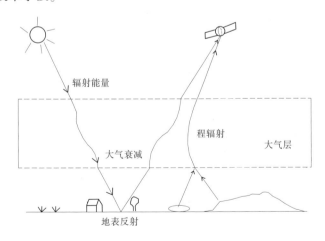

图 1-1　遥感示意图

赵英时等将遥感分类定义为根据影像所有波段每个像元的光谱信息和其

他空间特征等辅助信息,将影像像元按照某种算法归类为不同类别。根据上述定义,遥感分类的作用就是从海量的遥感数据中提取有用的信息,依据算法将其转化为使用者所需要的专题图,因此遥感分类在遥感应用中的作用毋庸置疑,是遥感应用极其重要且不可或缺的组成部分之一。

正是由于遥感信息提取在遥感应用过程中的重要作用(见图 1-2),大量专家学者为了提高遥感影像分类精度作出了巨大努力。如 Gong 和 Howarth于 1992 年提出土地利用是社会文化概念,而人们看到的遥感影像只是一系列土地覆被类型混杂的物理证据而已,另外,传统的分类器只利用单像元的光谱信息,而忽略了大量的空间信息,因此他们认为使用高空间分辨率卫星数据直接用传统的计算机分类方法绘制土地利用图是不可取的。1993 年 Kontoes 等介绍一种将从地理信息系统获取的地理信息融入遥感影像分析中的基于知识发现分类方法,这种知识不但包括遥感影像上的邻近像元信息,同样也包括了地理上的邻近信息,并以实验结果证明这种知识发现分类方法比单独的参数分类方法精度有很大提高。Foody 于 1996 年讨论了用模糊数据集理论对遥感影像进行分类和精度评估的方法,实验也表明软分类方法比硬分类方法精度更高,特别是人工神经网络方法和模糊 c 均值聚类算法得到最精确的结果。San Miguel-Ayanz 和 Biging 于 1997 年分别对多阶段分类方法和 4 种单阶段分类器以及西班牙中部山脉地区的 TM 和 SPOT 影像进行比较,结果证明无论与任何其他的分类方法比较,多阶段分类器的表现都很优秀。Aplin 等在 1999年发表的文献中针对使用面向图斑分类方法对甚高分辨率卫星影像进行分类过程中出现的问题及可能的解决方法进行探讨。Stuckens 等于 2000 年描述和评价了一种大城市土地覆被遥感分类的新方法,这种方法融合了聚类算法、邻近信息和基于像元分类方法,在明尼苏达州双子城区域为研究区的实验中,Shen 和 Castan 的边缘检测因子和递归质心区域增长算法结合后比常见的邻近信息分类方法都要优秀,这种方法更能有效减少破碎图斑的数量。在 2002年的文献中,Franklin 等总结了常见的分类步骤,包括数据采集和预处理,形成图例、分类方法、分层,结合辅助数据及精度评估,他评估和总结常见中等空间分辨率卫星遥感土地覆被分类方法以确定妨碍土地覆被分类方法广泛使用的因素。2003 年 Pal 和 Mather 提出用户选择分类算法的依据通常是软件的可用性、易用性和以总分类精度测定的性能,然后以最大似然法和人工神经网络为例进行说明,接着列举了决策树分类方法的优点:运算速度快,不需要任何统计假设,并能处理基于不同测量尺度表示的数据,实现随时在互联网上公布决策树算法,经过修剪的决策树可以更简洁且更容易解释,通过使用

Boosting 技术可以提高分类性能。然后用 ETM+卫星影像数据和高光谱数据 DAIS 分别对两个地方独立地进行实验以评估单变量和多变量决策树在不同的条件影像下的遥感分类性能,这些条件包括训练样本集的大小的变化、特征空间维数、Boosting 技术的使用,属性选择方法和修剪决策树等,最后得出结论,单变量和多变量决策树的性能相差不大,都可以接受,Boosting 技术的使用能一定程度上提高分类性能。Gallego 在 2004 年总结了使用卫星影像评估土地覆被面积的方法,并将其分为三类:地面数据用来作为辅助工具,主要作为图像分类或子像元数据分析的训练样本,用遥感影像分类方法直接估计面积;使用如回归、校准和小面积的估计等方法,将详尽但不准确的信息(从卫星图像)与准确的信息(通常为地面调查)结合起来;还有另外的方式如确定样本单位,进行分层,作为地面调查底图或进行质量控制,同时也讨论了成本效益。然而许多因素诸如研究区地表复杂度,所选影像类型、影像前期处理方法和分类方法等都会影响分类的精度,因此将遥感影像通过分类方法生成专题地图仍然是一项非常有挑战性的研究课题。

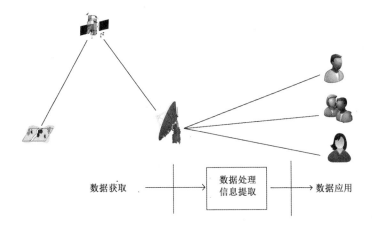

数据获取　　　　　　数据处理　　　　数据应用
　　　　　　　　　　信息提取

图 1-2　遥感应用过程示意图

　　为了进一步提高遥感分类的效果和效率,本书以满足实际应用需要为目的,引入机器学习领域的随机决策森林算法,并对其进行多方面的改进,并分别在多光谱遥感、高光谱遥感和面向对象遥感领域进行应用研究,具有重要的实际意义、良好的前沿性和广阔的应用前景。

1.2 遥感分类的研究现状

遥感分类算法来源于计算机科学的模式识别与机器学习领域,由于计算机大规模应用的时间较晚,20 世纪的分类算法多来自统计学。近年来,大量新兴的遥感分类方法不断涌现,人工神经网络、模糊集和专家系统等已经大量应用于遥感影像分类中。如 Cihlar 于 2000 年讨论了大范围土地覆被制图的现状和研究要点;Franklin 和 Wulder 于 2002 年使用中等空间分辨率影像评估各分类方法用于大区域土地覆被分类中的优劣;Tso 和 Mather 的专著(2001)及 Landgrebe(2003)的文献更专注于影像处理方法和分类算法。一般来讲,遥感分类算法可以按照是否有训练样本分为监督分类与非监督分类;按照是否使用参数分为参数分类和非参数分类;按照分类结果是否确定的土地覆被类别分为硬分类与软(模糊)分类;按照使用像元信息的级别分为基于像元分类、子像元分类、面向对象和面向图斑等,表 1-1 简要列举了目前广泛使用分类算法的归类。为简便起见,文章按照 Lu 和 Weng 的分类体系把影像分类方法统一分为基于像元、子像元和面向图斑,基于上下文分类,基于知识发现分类及多种分类器的综合应用等分类方法(见表 1-1),下文将按类别简要介绍目前常用的遥感分类算法和其他相关技术的发展现状。

表 1-1 遥感影像分类算法的归类

分类准则	算法类别	示例
是否有训练样本	监督分类	最大似然法、最小距离法、神经网络、决策树分类
	非监督分类	ISODATA 算法、K-means 聚类算法
是否使用参数	参数分类	最大似然法、线性判别分析
	非参分类	神经网络、决策树、支持向量机、专家系统
按照分类结果是否确定的土地覆被类别	硬分类	绝大多数的分类算法,如最大似然、最小距离法、神经网络、决策树分类、支持向量机
	软(模糊)分类	模糊集算法、子像元算法、混合像元光谱分析

续表 1-1

分类准则	算法类别	示例
按照使用像元信息的级别	基于像元分类	绝大多数的分类算法
	子像元分类	模糊集算法、子像元算法、混合像元光谱分析
	面向对象	eCognition 商业软件
	面向图斑	基于 GIS 的分类方法

1.2.1 基于像元分类算法

传统的基于像元分类器通过综合训练样本所有像元的亮度值来获取特征,训练像元中出现的全部物体对分类结果均具有影响,最终所提取的特征包含了所有训练样本像元亮度值却忽略混合像元造成的影响。基于像元分类算法包括参数的和非参的,参数分类器假定数据集服从正态分布,所以能够根据统计学原理计算样本的统计参数,包括均值和协方差矩阵等。遗憾的是在实际应用中,并不是所有样本都服从正态分布,特别是在地表特征比较复杂的地区,样本非正态分布的特征就越明显,从而与训练样本数目不足和非代表性样本一起加剧了影像分类的复杂性。参数分类器的另一个缺点是很难将其他辅助数据和光谱数据相结合,从而无法利用辅助数据进一步提高影像的分类精度。最大似然法是最常用的参数分类器,它几乎具有参数分类器的所有优点,因此几乎所有的商业图像处理软件均带有该分类器。

非参分类器并不需要假定样本服从正态分布,因此更适宜与其他辅助数据结合进行遥感分类。许多前人研究结果表明非参分类器比参数分类器更适用于复杂地形,如 1995 年 Paola 和 Schowengerdt 就对多光谱遥感分类中神经网络方面的文献进行检索和分析,并简要提及数学领域反向传播算法,总结评述反向传播神经网络的优缺点;2002 年 Foody 简要回顾了许多研究文献中推荐参数分类和非参分类方法的背景和精度评估,但同时也指出目前精度评估方法存在的问题。近年来,为了进一步提高遥感影像分类的精度,Bagging、Boosting 或二者的衍生方法开始用于非参分类算法中,DeFries 和 Chan 于 2000 年分别将 Bagging 算法、Boosting 算法与标准 C5.0 决策树算法相结合,并以 8 km AVHRR 和秘鲁的 LANDSET TM 数据进行实验,结果表明这两种算法更加稳定、鲁棒性更好;Friedl 等于 2002 年利用多时相的 AVHRR 数据采取决策树方法研究大陆尺度乃至全球级别的遥感分类,为了提高分类精度采用了 Boosting 算法,研究结果表明,该算法能有效降低 20%~50% 的误分率,经过七次迭代 Boosting 算法后得到最好效果;Lawrence 等于 2004 年提出的随机梯度 Boosting 方法改进了标准决策树分析,以期最大程度回避其局限性,即不追求最优树结构,易受不合格样本的影像和不平衡的结构,文献[34]使用 3 种不同传感器不同地区的遥感数据对标准决策树分析和随机梯度 Boosting 方法进行了比较。Kim 等于 2003 年讨论了 Bagging 算法与 Boosting 算法的区别和它们分别与支持向量机算法相结合的方法,并对其进行了 IRIS 数据分类模拟,手写字体识别和欺诈检测,与单独的支持向量机算法相比,这两种技术能大大提高分类结果。2010 年,Ratle 等系统提出一种半监督神经网络分类方法,即在训练神经网络时在损失函数中加入一种灵活的嵌入式正则化矩阵,该方法能灵活用于监督分类和非监督分类中,与直推式支持向量机或拉普拉斯支持向量机相比,该方法可以改进分类精度,扩展后可以解决高光谱影像分类经常出现的几个问题。

1.2.2　子像元分类算法

大多数遥感分类方法是基于像元信息的,其最终目的是使每一个像元都划分为唯一的土地覆被类型,但由于地表的多样性和遥感影像空间分辨率的限制,中低分辨率遥感影像中存在大量混合像元。早在 20 世纪末就有学者提出混合像元是遥感数据广泛应用的主要障碍。1997 年,Fisher 论述了像元在地理信息系统和遥感中的重要作用,认为只有找到地理信息中的空间实体与遥感中的像元之间的映射关系,地理信息系统与遥感才能真正融合,并提出未来研究的 3 个方向:混合模型、地学统计和模糊分类,接着 Cracknell 在 1998 年研究遥感成像过程中的一些问题,包括混合像元的形成原因和遥感与地理信息系统融合涉及的内插重采样算法等。

在土地覆被类型和面积估计方面,与基于像元的分类方法相比,子像元分类方法表现更优越,特别是在使用中低空间分辨率数据时,这种差距尤为明显,因为传统的影像分类方法通常假设像元是纯粹的或同质的。Foody 和 Cox 于 1994 年指出解决混合像元问题是土地覆被制图应用的关键所在,他们认为将混合像元分解成像元的组成部分的可能使不同土地覆盖类型的面积估计更准确,并提出了线性混合模型和基于模糊隶属函数的回归模型来分解混合像元。1999 年,由于软分类器的使用受到缺乏表现良好且可信评估方法的制约,Binaghi 等提出一种基于模糊集理论,将传统的误差矩阵进行扩充后的用于软分类评价的新方法。Ricotta 在 1999 年同样讨论了混合像元的存在对传统的分类方法造成的困扰,认为由于每个像元可以同时属于不同的类别,因此专题图的总面积和各个类别面积的总和并不一定相等,然后提出了一种用模糊分类法估计专题图各类别面积汇总的新方法。2000 年,Woodcock 和 Gopal 详细论述了制图精度评估和在模糊集理论基础上的制图精度评估,使用普卢默斯国家森林植被图为例,进行精度评估来说明基于模糊集理论的精度评估方法。

　　在软分类器的结构中,表示每个像元中全部或部分待分类别组成关系的模糊表是必不可少的,许多理论都已经应用于软分类器中,包括 Dempster Shafer 理论、确定性因子、软化最大似然硬分类结果、IMAGINE 的子像元分类器、模糊集理论、神经网络等。模糊数据集技术和光谱混合分析 (SMA) 分类是目前最流行的用于解决混合像元问题的两种方法,但其问题在于难以准确评估分类精度。

　　关于模糊集理论分类方法的研究成果有很多,如 Foody 于 1996 年探讨硬分类的不足和软分类的形成原因,简要论述了模糊集理论与用模糊集理论对遥感影像进行分类和精度评估的方法;同年 Maselli 等使用最大似然分类法和经过模糊集理论改进后的最大似然分类法对意大利中部的某个山谷使用辅助数据和空间退化专题制图仪数据进行分类,并对子像元的成分进行了评估。1998 年,为了确定子像元土地覆被类型的分布情况,Foody 将模糊分类的结果进行锐化,实验证明这种方法能较明显地提高分类结果;同年 Mannan 等讨论了 fuzzy ARTMAP 在遥感影像监督分类中的应用,与传统的最大似然分类法及多层反向传播学习与感知相比,精度和效率都得到了改善。Zhang 和 Kirby 在 1999 年使用爱丁堡郊区的航空照片和卫星影像用来确定模糊边界的 3 种指标(最大模糊隶属度、混乱指数及熵),结果表明这 3 个指标差异很小,但最大模糊隶属度是最简单、最直接的解决方案,文中还对模糊边界和概率边界进行了研究。

　　光谱混合分析模型是将影像的光谱亮度值看作各个类别纯像元光谱亮度值的组合,这种纯像元称为端元,但同时在每个像元中这些端元的类型和数量又有不同,然后根据某种指标(如均方根误差、残差等)选择最优化的端元组合,从而得出光谱混合模型。光谱混合分析方面的文献包括:Adams 等在 1995 年以巴西北部城市马瑙斯附近的亚马孙河流域为研究区,对 4 个时间段的 TM 影像进行分类,提出了端元分类方法,实验将包括绿色植被、非光合作用植被、土壤与阴影对应的光谱划分为 7 个类别,其中每个类别都包含了最少一种土地覆被类型,然后使用这些类别对像元进行光谱混合分析并对分类误差来源进行了分析,包括系统噪声、端元间的差异、低频谱差异等,虽然测试仅在亚马孙河流域进行,但实验结果表明,端元分类方法可广泛用于多空间和多时间的光谱图像。1998 年,Roberts 等系统地表述了光谱混合分析的原理与方法,并以 1994 年秋季圣莫尼卡山的 AVIRIS 数据为基础开始加州灌木制图工作,研究中选择了叶子、冠层、不进行光合作用的部分(如树干)和土壤的光谱作为端元生成光谱混合分析模型,这些端元在最少 7 个连续波段的均方根误差和残差均不大于 0.025。Rashed 等在 2001 年检验基于光谱混合分析模型的城市卫星影像分类方法,实验以开罗城区为研究区,植被、不可透表面、土壤和阴影作为端元,建立实验区混合模型,使用决策树分类器将 IRS-1C 影像分为八类地物,与标准的最大似然法和最小距离法相比,精度得到明显提高。2003 年,Lu 等研究巴西亚马孙河流域大范围尺度下不同生长期植被的划分,但是纷繁的植被林分结构、复杂的植被种类及植被不同阶段较小的差异,都使传统的分类方法无法胜任该项工作,文中提出了一种线性混合模型(LMM)解决上述问题,使用植被、土壤和阴影作为三端元来分解影像,结果表明该方法区分各个阶段树木的精度比最大似然法提高了 7 个百分点。

光谱混合分析(SMA)被认为是解决混合像元的最有效、最有前途的方法。它将像元亮度值看作按照一定规则组合所有端元光谱值的结果,光谱混合分析的最终输出结果通常为分数图像,图像中所有端元光谱表示其在混合像元内所占的面积比例。

作为混合模型最重要的端元,其选择过程中无疑是最重要的,也是研究的热点所在:Smith 等早在 1990 年就在加州欧文斯山谷采用陆地卫星专题制图仪(TM)获取的多光谱图像进行干旱/半干旱地区植被覆盖变化的研究,该研究以植被、土壤和阴影的光谱作为端元,参照光谱库和现场调研的光谱值计算出光谱混合模型,然后与地面采样区进行比较,尽管受到土壤背景的不同、卫星仪器响应时间差异及大气和照明条件的变化等不利条件的影像,光谱混合分析从每幅图像计算出与实际情况一致的结果。Adams 等在 1993 年的文献中系统介绍了影像光谱学的背景、现状和存在的问题,并讨论光谱混合分析模型基础上的影像解译方法和尚存的不足之处。同年,Roberts 等采用光谱混合分析方法对 1989 年 9 月成像的加州碧玉岭生物保护区的机载可见光/红外成像光谱仪(AVIRIS)影像进行分析建模,仍以绿色植被、阴影和土壤为端元,超过 98% 的像元光谱能以端元光谱线性组合解译,剩余的光谱变化作为残差,通过残留的纤维素和木质素光谱,实验成功将非光合作用植被(如干草、落叶和木质材料)从土壤中分离出来,AVIRIS的多光谱影像有效地帮助了非光合作用植被与土壤的分离和不同类型绿色植被的区分。Settle等在1993年研究了如何确定混合像元中地面覆盖类型的相对比例,如何定义估计精度并引入一种基于规范化的新评估方法,通过数据模拟实验,文献研究的方法比其他方法生成更顺滑的分类影像,新的评估方法也更精确。以1985年Inselberg提出的平行坐标理论为基础,Bateson和Curtiss于1996年提出一种名为手动端元选择的新方法,还在主成分分析(PCA)的特征值和特征向量组成的多维空间内交互式选择端元,这种端元选择方法全面考虑了光谱数据产生误差的因素。1997年,Tompkins等提出新的端元选择方法,该方法将影像数据和端元组成混合方程组,把一些影像的先验知识和特征作为用户定义的条件加入方程组中,以残差最小化为条件用迭代法求解方程组,文献还分别以端元已知的人工合成图像立方体、自然地面影像和月球影像为例进行实验,结果表明,该方法选择的端元更接近具有实际物理意义和代表性的实体。由于端元的光谱特征随着研究尺度和研究目的不同而变化,因此很难确定和估算一幅影像的端元,Garcia-Haro等在1999年提出了3种方法来确定混合光谱数据的端元,分别为因子空间旋转、搜索因子空间中目标位置和设计基于线性光谱混合模型的神经网络,并通过植被和土壤的混合物的模拟和实际数据及Landsat-5 TM影像进行验证,结果表明这3种方法能提供更精确的光谱端元估计。1999年,在专著《地球科学遥感》中Mustardet和Sunshine系统介绍了地球科学中地物的定义和制图方法、由浅至深地介绍光谱分析、详细讨论光谱混合模型的理论框架和端元选择的一些方法,并比较了线性模型和非线性混合模型的优劣。由于混合像元光谱观测值和通过端元计算值不可能完全一致,这种差异就以均方根误差图表示,它可以用来选择额外的端元和重新分配现有端元,但是这一过程目前都是手动的。Van Der Meer在1999年提出了一种利用均方根误差图像自动迭代方法,分析的初步结果表明,通过使用迭代式混合像元分解方法,其分解结果得到相当大的改善。为提高普遍使用的固定端元方法的评估精度,2001年Maselli定义了空间位置可变端元,提出在局部回归统计参数(均值和方差、协方差矩阵)基础上改进的多元回归模型,利用意大利中部托斯卡纳地区多时相AVHRR影像的NDVI的剖面图进行了实验,结果表明空间位置可变端元远远比传统的固定端元准确。为了计算效率和操作简便,使用多端元光谱混合分析方法选择端元时一般尽可能少地选择端元数目。Dennison和Roberts在2003年提出一种端元选择新方法,该方法用端元的平均均方根误差(EAR)为评价标准选择最优化端元,EAR最低的端元就是光谱库内最具代表性的端元。该方法用于加州圣伊内斯山的土地覆盖制图项目,项目采用 20 m 分辨率的机载可见光红外成像光谱仪(AVIRIS)获取影像,每个类别使用 EAR 最低的端元选择最具代表性的端元,结果表明使用该方法后制图精度得到可喜提升。Theseira 等 2003 年以芬兰中部的一个森林为主的面积为 1 万 km² 的区域为研究区,根据芬兰林业研究所长期观测的森林比例和使用 ATSR-2 数据研究所选端元与光谱混合模型间的相关性,文献分别使用基于 PCA 和辅助数据的端元选择方法计算均方根误差,结果表明只计算混合像元的条件下,3 种模型所估计的森林比例高度相关。虽然大多数光谱混合模型只针对具体空间位置、影像类型和土地覆被类别,但是它仍有助于选择更大空间范围和光谱范围内的端元。Small 于 2004 年提出由背景、植被和非反射表面(SVD)三端元组成的 ETM+混合空间,通过对 30 多幅包括不同种类地物的 ETM+影像进行分析后发现 ETM +影像的反射光谱可准确地由土壤岩石等背景、绿色植被和非反射表面的反射光谱的线性组合来表示。98% 的 ETM+影像光谱可以在三端元混合的三维空间里表示,90% 的影像光谱可以用三维空间的二维投影描述,通过对 3 000 万 ETM+影像光谱的观测发现超过 95% 的光谱可以由端元混合空间表示,反射率误差不超过 4%。1998 年,Shimabukuro 等根据植被冠层的阴影信息,使用影像分割方法计算亚马孙森林砍伐区域的面积,通过影像混合分析,作者确定了茂密的热带森林与裸土、牧场或再生林地区植被冠层的比例,与实际情况的吻合度有了较大的提高。

以往的研究已经表明光谱混合分析方法有助于提高分类精度,尤其是基于低空间分辨率遥感数据,该方法更能提高土地覆盖分类中各种地物类型的面积评估精度。

1.2.3 基于图斑分类方法

复杂的实际地表分布导致小区域内光谱的变换幅度很大,传统的基于像元分类方法就会把这些地物分到不同的地物类型里,从而导致分类结果出现许多噪声。

为了解决上述问题,人们设计了基于图斑的分类方法,并已被实验证明有效提高分类精度。Aplin 等于 1999 年介绍了结合高空间分辨率卫星影像和矢量数据的面向图斑分类方法,该方法是在影像光谱和空间特性的基础上对影像进行逐像元分类后,再结合矢量数据进行面向图斑分类,文献还提出了几种有效提高分类精度的方法,包括低通滤波器、纹理滤波器、错误标识和边界丢失标识等,作者以英国赫特福德郡圣阿尔本兹市西部区域为研究区使用航空高光谱影像(CASI)数据和矢量数据进行实验,在面向图斑分类之前,使用低通滤波器和纹理过滤器有效降低了误分率。2001 年,Aplin 又与 Atkinson 一起提出一种将子像元级软分类转换成硬分类的方法。首先,使用矢量边界对像元进行影像分割;然后,按像元分割体的面积顺序依次标示土地覆盖类别;最后,对影像分割后形成的所有图斑进行面向图斑分类并标识覆被类型。实验表明这种方法的分类精度远比单独的逐像元分类和面向图斑分类方法的精度要高。为了比较面向图斑分类方法和逐像元分类方法,2003 年 Dean 和 Smith 用空间分辨率为 1.25 m 的机载专题制图仪影像作为训练样本,并将 1.25 m 分辨率影像缩编为 10 m 分辨率后进行数字化,从而将影像划分为图斑,以最大似然类别概率为指标比较上述分类方法。为避开边界像元,选取图斑中心区域的像元,提取平均光谱值,与逐像元分类方法相比,这更有助于消除图斑内的异质性,提高分类效果。实验结果表明,面向图斑分类方法适合农业土地,因为农业用地的结构类似;但当土地覆盖是异质性较强,如许多居民地,逐像元分类更为合适。Lloyd 在 2004 年利用陆地卫星专题制图仪(TM)影像,在面向图斑分类的基础上采用人工神经网络(ANN)方法对地中海地区土地覆被进行分类。除了光谱信息,分类还利用了共生矩阵提取的结构函数和纹理特征等地理统计信息,地理统计信息的主要优势在于它们在不同土地覆盖类型、不同区域尺度和不同类别混合方式方面广泛的鲁棒性。由于地中海区域地形复杂,普通的逐像元分类精度不高,1996 年 Lobo 等研究不同农作物和不同地形的可分性,实验发现综合应用合成孔径雷达(SAR)影像和 TM 影像时,这些作物和地形之间的可分性大大增强了。

面向图斑分类器使用图斑作为独立的分类单元,达到像元噪声平差的目的。面向图斑分类方法的第一种方法是使用地理信息系统将矢量数据和栅格数据统一起来,矢量数据用来将影像划分至图斑级别,然后对图斑进行分类,这样就避免类别内的光谱差异,但是面向图斑分类方法经常受土地覆被类型、图斑边界、图斑形状与大小、所使用数据的空间与光谱特性等因素的影响。阻碍端元分类方法广泛应用的主要因素是矢量数据模型和栅格数据模型之间的极大差距,二者之间几乎难以无损转换。其中,遥感数据是栅格格式的,它以规则的阵列表示地表区域地物或现象分布情况,而绝大多数 GIS 数据是以矢量格式存在的,以点、线和多边形表示地理实体。由于栅格格式和矢量格式的格格不入,目前仍没有一种实用数据模型能高效准确地处理矢量数据和栅格数据,构建新模型的难度阻碍了面向图斑分类方法的广泛应用。

另一种面向图斑分类方法是使用面向对象分类方法,这种方法并不使用矢量数据。与传统分类方法以像元为最小处理单位不同,面向对象的遥分类方法将具有相同特性的相邻像元组合成对象,并将其作为最小处理单位,而且这种对象由于是由具有相同属性的像元组合而成,因此具有更丰富的语义信息。具体的分类过程包括两个阶段:图像分割和图像分类。第一个阶段的作用是联合邻近像元成为同质对象,由于对象是由相邻像素联合而成的,因此可以检测并计算各种特性,如光谱、纹理、形状、位置、结构和相关的布局,从而导致对象目标内含有大量的地物信息;第二阶段是以同质对象为分类的基础,对合并的对象进行分类。本书在第 5 章对面向对象分类方法的理论、发展和面向对象分类方法所涉及的关键技术进行了详细的研究。

1.2.4　基于知识发现的分类方法

基于知识发现的分类方法利用各种辅助数据来改善遥感分类的效果,如DEM、人口密度图、温度图、降水图、土壤图和道路网络等都可能会以不同的方式纳入分类过程中。

基于知识发现的分类方法的基础是地物类型空间分布图和所采用的辅助数据。比如,山区的海拔和坡向、坡度信息影响植被的分布,温度、降水和土壤数据与土地覆被的分布有关,人口、住房、道路密度信息与城市土地利用有很深的联系,因此对植被类别进行提取时,地形特征数据很重要,人类的聚居信息对工商业用地与高密度的居民地、居民地与森林等区分过程中起到了同样举足轻重的作用。

基于知识发现的分类方法最核心的地方是如何利用专家系统和知识发现理论,从现有的知识中挖掘新的信息,并将其形成为规则。Hodgson 等于 2003 年讨论图像分类规则的 3 种形成方法:①直接获取专家知识和规则,然后进行提炼;②使用自动归纳方法根据经验建立基于观测数据的规则;③使用认知手段间接地提取方法和规则。由于地理信息系统具有管理多种类型数据和空间模型的能力,在知识发现分类方法起着重要作用。

1.2.5　基于上下文分类方法

除了面向对象和面向图斑分类方法,基于上下文(contextual)分类方法也能处理类光谱变异的问题,传统的分类方法(包括监督和非监督方法在内)都是根据类别间光谱特征差异对遥感数据进行分类,而基于上下文分类方法则同时利用光谱和空间信息来提高分类的准确度。Kartikeyan 于 1994 年回顾了以前的一些基于上下文分类方法,并分别针对低分辨率和高分辨率的影像提出了两种模型,结果表明,与高斯最大似然(GML)分类相比,精度得到一定程度的提高。1997年,Flygare用陆地卫星TM数据对基于上下文分类方法的性能进行评估并提出分别用于高/低分辨率影像的两种方法。像元级分类方法假设相邻像元直接条件相关,而基于上下文分类方法假设邻近像元之间具有相关性,实验结果也证明基于上下文分类方法在分类性能方面显著提高。在Kartikeyan研究的基础上,1998年Sharma和Sarkar提出新的方法,该方法结合了分别处理低分辨率和高分辨率影像的两模型,并使用标准化的分类精度和Kappa系数对分类结果进行精度评估。Keuchel等2003年使用分别使用最大似然分类法(MLC)、支持向量机(SVM)分类方法和基于马尔可夫随机场理论的迭代条件模型(ICM)算法,利用Landsat-5 TM数据对加那利群岛中的特内里夫岛进行实验,发现如果选择适当的模型参数,进行非监督聚类法,所有算法的分类结果产生令人满意(总体精度约90%)。同时发现虽然其他两种方法理论上优于最大似然分类法,但是如果参数设置不当,分类效果比不上最大似然法。Magnussen等在2004年使用6种基于上下文分类器和最大似然法分类器对位于加拿大的实验区进行实验,结果表明迭代条件模型(ICM)算法是最优秀的基于上下文分类方法,在最大似然分类法总体精度为50%~80%时能提高4~6个百分点。Hubert-Moy等在2001年评估不同景观单元几种参数分类算法的精度,实验首先用最大似然法进行分类,然后使用其他分类算法对大小不等的景观单元进行分类,结果表明景观单元尺度的变化一定程度上影响了分类算法的精度,所以作者提出根据研究区景观的结构和尺度选择分类算法可以有助于提高分类效果。基于上下文分类方法利用像元及其附近像元的空间信息来改善分类效果。

　　基于上下文分类方法所采用的技术包括平滑技术、马尔可夫随机场、空间统计、模糊集、分割算法和神经网络等。1998年,Cortijo和De La Blanca就尝试用不同的非参分类器获取初始分类影像,再用条件迭代模型进行处理,从而在合理提高计算成本的条件下显著地提高分类精度。Kartikeyan等在1998年提出一种两段式的分类方法,首先用Khotanzad和Bouarfa于1990最先使用的根据全局特征的直方图阈值法,第二步采用基于局部特征的区域生长算法,作者每步都分别采用不同的算法然后进行比较,结果表明第一步使用xyz颜色空间、第二步采用J-M距离取得最佳分类结果。Binaghi等在2002年使用模糊集理论、基于上下文分类方法等模拟人类认知过程对遥感影像分类进行建模,并用于意大利阿尔卑斯山两个区域冰川线的确定项目中来验证该方法的作用。马尔可夫随机场理论衍生出的基于邻近信息分类方法,如循环条件模型是最常用的基于邻近信息的分类方法,这种方法也已被证明能明显地提高分类精度。

1.2.6　多种分类器结合的分类方法

遥感分类方法发展到今天,出现了许多不同类型的优秀分类器,这些分类方法各有利弊,在不同的条件下,不同分类器的表现不一,而且即使是同一分类器,根据所选影像的差异,不同类别地物分类效果也不一样。Lu 等在 2004年以巴西亚马孙河西部区域为实验区,采用陆地卫星专题成像仪影像和相同地区的实地训练样本集,用最小距离分类器(MDC)、最大似然法分类器(MLC)、同质对象提取分类器(ECHO)和基于线性光谱混合分析的决策树分类器(DTC-LSMA)研究森林分布情况,结果为线性光谱混合分析-决策树分类器(DTC-LSMA)、同质对象提取分类器比最小距离分类器和最大似然法分类器的总体精度高 3%左右。还有许多其他的研究结果证明,多种分类器结合的分类方法能得到比单一分类方法更高的分类精度。如 Warrender 和Augusteijn 在 1999 年探讨结合土地覆被类别空间分布的先验知识和几种不同分类器的新方法是否能产生更好的分类效果,实验先使用最大似然法对影像进行预分类,然后通过马尔可夫随机场空间影像模型产生最终的影像分类,经过 TM 影像验证后发现该组合能显著改善分类结果。2000 年,Steele 讨论了两种新的提高土地覆被图分类精度的方法,第一种是两种或两种以上分类规则的组合,第二种是使用土地覆被分类分布信息的一种简单非参数分类器,并以爱达荷州和蒙大拿州的土地覆被测图项目检验新方法,发现简单分类器组合毫不逊色于较复杂的分类器。2002 年,Benediktsson 和 Kanellopoulos 探讨基于神经网络和统计模型的多源遥感分类方案,首先分别对多源数据单独预处理和统计建模,然后采用不同的加权方法融合多源数据,或者采用两段式方法,先采用几种参数分类器对影像进行分类,挑选出存在分歧的像元,然后用神经网络方法对上述像元进行分类,从而达到分类的效果。由于使用单一的森林类型预测模型很难取得良好的精度,Huang 和 Lees 在 2004 年提出一种新的既能降低预测模型的不确定性,又可以提高制图精度的方法,分别使用人工神经网络、决策树和 Dempster-Shafer 理论模型的 3 种分类器,发现将软分类结果"硬"化过程推迟到最后阶段能取得最优化结果。

多分类器分类方法的缺点是面对多个分类器产生的分类结果,如何挑选出正确的,放弃错误的分类结果,目前的挑选规则主要有加法规则、多数投票法、产生式规则、堆栈回归和阈值法等。Liu 等在 2004 年提出一个混合分类方法,利用决策树(DT)和 ARTMAP 神经网络通过多数表决和其他机制来提供分类的不确定性信息,并用北美土地覆盖分类的 AVHRR 数据进行验证。混合分类方法输出两类成果,一种是混合分类图,另一种是可信度图,实验结果表明这种混合分类方法似乎能解决遥感分类的各种问题,并可能帮助地图用户制订更加明智的决策。

1.2.7　特征提取与选择

1.2.7.1　小波变换提取特征

一些研究者已经通过小波变换提取空间信息。Myint 等在 2004 年将小波变换与分形方法、空间自相关方法及空间共生方法进行比较,结果表明多波段、多层次小波方法有益于明显增加分类精度,分形方法并不能得到满意的分类结果,与之相比,空间自相关方法和空间共生方法更有效率,由此实验得出小波变换是最佳获取特征的方法。Meher 等在 2007 年发现使用小波变换获取的特征比多光谱影像的原始特征更有利于土地覆被分类。小波变换(WT)可以有效地提取像元及其相邻像元的空间及光谱特征,从而提高分类精度。

1.2.7.2　灰度共生矩阵

灰度共生矩阵的二阶统计值作为额外的波段加入分类过程中,Ouma 等在 2008 年分析了 QuickBird 影像中森林和非林地的植被类型通过灰度共生矩阵纹理分析所获取的结果,实验采用半方差函数确定用于土地覆被分类的最佳灰度共生矩阵窗口,这些最优化窗口结合 8 种灰度共生矩阵纹理指数(均值、方差、同质性、差异、对比度、熵、角二阶矩和相关性)用于影像分类中,实验结果表明仅使用光谱信息的分类精度很低,最优化窗口和光谱信息的结合获取到最高的分类精度。

基于窗口的影像处理方法(如灰度共生矩阵纹理)研究的一个热点是自适应窗口选择方法。众所周知,结合光谱信息和空间信息能够改善高分辨率影像数据的土地利用分类结果。使用窗口提取空间信息的分类效果很大程度上依赖窗口尺寸的选择,Huang 等在 2007 年提出一种最优窗口选择方法来自动匹配合适的窗口尺寸,这种方法基于局部区域光谱和边缘信息,并在其中融合了多尺度信息。灰度共生矩阵提取的空间信息使用 IKNOS 多光谱影像数据进行实验来验证窗口选择算法的优劣。实验结果表明,Huang 等提出的算法能有效地选择窗口并结合多尺度方面的特征,同时也改善了分类结果。

1.2.7.3　形态学特征

形态学特征包括地物的结构和形状信息,基于形态学方法利用光谱和空间信息进行分类,使用主成分分析方法(PCA)用来对影像进行预处理和降低影像的维度。2007 年,Epifanio 和 Soille 利用形态纹理特征对高分辨率图像进行分割,将影像自然景观转换为几种地物类型的专题影像。由于高分辨率图像光谱波段数目是有限的,所能提取纹理特征同样也是有限的,而且传统的像元级影像分类方法的表现很差。Huang 等在 2007 年研究了城市区域高空间分辨率多光谱影像空间特征提取和分类的工作,他们提出了一种结构特征集来从直方图中提取空间特征。实验采用决策边界特征提取和相似的特征提取方法等降维方法来降低数据冗余度,这种方法通过两种 QuickBird 验证,结果表明新的提取空间特征方法比传统分类方法表现更优秀。

1.3　本书主要研究内容

本书研究了改进的随机决策森林算法及其在遥感影像分类中的应用,主要包括对随机决策森林算法的改进及其在多光谱遥感、高光谱遥感和面向对象遥感方面的应用研究,主要研究内容如下:

(1)介绍了遥感分类的基本概念和相关问题,对遥感分类的重要意义和地位进行了评述,并研究了遥感分类的国内外进展和现状及本书的研究目的、内容和意义。

(2)总结了决策树分类算法的发展历程及各阶段代表算法,研究了随机决策森林算法的发展及不足之处后,提出改进的随机决策森林算法。

本书概要介绍了决策树分类算法的概念和优缺点,并按照生成决策树的流程对重要步骤进行说明,根据决策树算法的发展历史对占据重要地位的决策树进行简要评述;讨论随机决策森林算法理论的发展和研究现状,然后针对该算法在实际运用中出现的各种问题提出改进方法。

(3)首次将随机决策森林算法应用于高光谱影像分类中,并与多种经典分类方法比较后,得到满意结论。

本书将改进的随机决策森林算法应用到高光谱影像分类中,并根据使用影像的地物类型和各种地物的光谱曲线特征提出地物的提取指数,研究过影像和地物的特征之后建立合适的分类模型,对数据进行实验,并分别与经典分类方法及原始的随机决策森林算法进行精度和分类效率方面的比较。

(4)提出新的高光谱影像分类方法,该方法不需要影像降维处理,就可以直接应用,并能通过实验验证,不比支持向量机、神经网络等方法逊色。

针对现有影像分类方法都不能直接对高光谱影像进行分类,而是要通过影像降维处理这个中间步骤的情况,本书首次将改进的随机决策森林算法应用到高光谱影像分类领域,可以直接取消影像降维处理的步骤,而且通过实验与具有代表性的支持向量机、神经网络等方法相比,精度毫不逊色。

(5)概述面向对象方法的相关理论,介绍几种常用的图像分割算法和遥感图像分割结果的评价体系及各自的优缺点,结合改进的随机决策森林算法和 eCognition 商业软件两种方法,并通过实验比较二者的表现。

本书将随机决策森林算法与面向对象方法结合,使用商业面向对象分类软件 eCognition,借助该软件对遥感影像进行分割并选择训练样本,将分割结果导出后用改进的随机决策森林算法对其进行分类处理,与直接使用 eCognition 软件进行分类所得结果进行比较,并对实验结果进行了分析。

1.4 本书结构安排

本书紧紧围绕基于改进的随机决策森林算法的遥感影像分类方法研究这个中心,总结包括多光谱遥感、高光谱遥感在内的遥感分类的众多前人研究成果,研究随机决策森林算法的实现,并为了提高其分类精度和运行效率对其进行了许多改进,将改进的随机决策森林算法根据不同遥感影像的特点做微调整后,将其应用到多光谱遥感、高光谱遥感和与面向对象分类方法结合方面中,通过实验验证后都取得满意的结果。

全书共分 6 章,其主要内容如下:

第 1 章为绪论部分,主要介绍了遥感分类在遥感应用中的重要地位及其研究的意义,遥感分类的基本概念和相关问题,遥感分类的国内外进展综述,本书的研究目的、内容和意义。

第 2 章为模式识别与决策树分类理论,介绍了模式识别的基本概念,研究了决策树分类算法的发展历程和各阶段代表算法,随机决策森林算法的发展,随机决策森林算法的不足之处,提出改进的随机决策森林算法等,为全书研究的开展奠定了理论基础。

第 3 章为改进的随机决策森林算法在多光谱遥感影像分类中的应用,首次将该算法应用于多光谱影像分类中,并分别与原始随机决策森林算法及多种经典分类方法进行比较。

第 4 章首先针对现有影像分类方法都不能直接对高光谱遥感影像进行分类,而是要通过影像降维处理这个中间步骤的问题,提出新的高光谱影像分类方法即将改进的随机决策森林算法应用到高光谱影像分类领域中,最后通过实验验证不比支持向量机、神经网络等方法逊色。

第 5 章将随机决策森林算法与面向对象分类方法结合,使用商业面向对象分类软件 eCognition,借助该软件对遥感影像进行分割并选择训练样本,将其导出后用改进的随机决策森林算法对其进行分类处理,与直接使用 eCognition 软件进行分类所得结果进行比较,并对实验结果进行分析。

第 6 章为结论与展望,回顾全书,对本书的主要研究工作和所得出的结论进行总结,言简意赅地提出本书的创新点,并对其中存在的问题与欠妥之处进行了评价,最后对以后的研究工作进行展望。

第 2 章　模式识别与决策树分类理论

人们由于视觉神经系统的存在,能够轻而易举地识别物体、辨识气味、聆听鸟鸣、阅读文字、根据颜色判断水果是否成熟,这就严重掩盖了隐藏在这些貌似简单的识别行为背后非常复杂的处理机制。计算机科学中非常重要的模式识别与机器学习领域,即为通过计算机模仿人脑研究这种输入原始数据集,然后根据其类别,按照某种规则采取某种操作的能力而存在的。

决策树算法(decision tree)是计算机科学学科里面的一种历久弥新的模式识别算法。它是一种通过对训练数据集进行归纳和学习而形成一系列的规则集合,再根据所生成的规则将影像数据归类的方法。决策树分类作为一种基于空间数据挖掘和知识发现的监督分类方法,杜绝了以前分类结果因人而异的缺点,通过对训练样本之间的相互关系及光谱信息进行数据挖掘,更客观地获取地物信息。决策树算法属于非参分类器,不需要训练样本服从正态分布,可以更方便地利用多种辅助信息改善分类精度。正由于这些优点的存在,决策树方法从“出生”的那天起就在模式识别和机器学习领域占据非常重要的地位。

2.1　模式识别的基本概念

模式识别与机器学习领域有大量计算机专业书籍进行阐述,本书仅仅介绍一些基本概念。

样本(sample):某一具体的研究(客观)对象。如一栋大厦、某人写的一个汉字、一幅图片等。

样本集(sample set):若干样本构成的集合。

类或类别(class):在所有样本上定义的一个子集,处于同一类的样本在某种性质上是不可区分的。

模式(pattern):对客体(研究对象)特征的描述(定量的或结构的描述),是取自客观世界的某一样本的测量值的集合(或综合)。

已知样本(known samples):事先知道类别标号的样本。

未知样本(unknown samples):类别标号未知但特征已知的样本。

特征(features):指用于表征样本的观测,通常是数值表示的某些量化特征,有时也被称作属性。如果存在多个特征,则组成了特征向量。

特征矢量(features vector):一个样本的 n 个特征量测值分别为 x_1, x_2, x_3, …, x_n,它们构成一个 n 维特征矢量 x, $x = (x_1, x_2, x_3, \cdots, x_n)^T$, x 是原对象(样本)的一种数学抽象,用来代表原对象,即为原对象的模式。

特征空间:各种不同取值的特征矢量全体构成了 n 维空间,这个 n 维空间就是特征空间,特征矢量 x 便是特征空间中的一个点,特征矢量也称特征点。

可借用体重判断性别的例子理解上述内容:本班共有 50 位同学,已知 40 位同学的性别和体重,另外 10 位同学只知体重不知性别,试依据他们的体重推测他们的性别。在这个示例中,样本:每一位学生;样本集:本班所有同学;类:男生、女生;特征:体重。如将身高也全部测量之后算为特征,那么特征向量为{体重,身高},已知样本:40 位已知性别和身高的同学;未知样本:剩下 10 位只知身高的同学。

2.2　决策树分类算法概述

决策树分类算法主要包括学习与分类两个过程。决策树学习过程是通过训练样本进行归纳学习,生成以决策树形式表示的分类规则的过程;而分类过程则是使用得到的分类规则对全部数据进行分类,并评价其精度的过程。

从本质上讲,决策树学习是从一些无规则的例子中挖掘出规则,并以决策树形式表示;决策树分类则是使用决策树形式的规则对未知样本集中的样本进行归类。图 2-1 描述了决策树方法学习与分类的过程。

2.2.1　决策树分类的步骤

决策树分类一般都需要经过以下步骤:

(1)根据实际需求和数据特性,预处理训练样本集。

(2)根据不同的决策树各自的特点,部分或全部选择属性集作为候选属性集。

(3)挑选测试属性,即在候选属性集中选择分类能力最强的属性。

(4)按照不同的测试属性阈值,训练样本集分裂为不同的子集,对每一个子集,重复以上的步骤,直至子集中的样本满足以下条件之一:①子集已经纯净,即所有样本都是同类;②已经遍历候选属性集;③样本不属于同一类,但是所有候选属性值都相等,无法继续分裂。

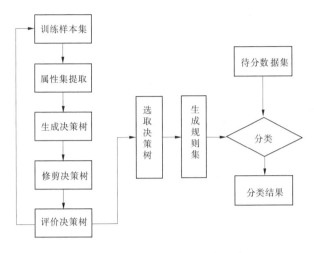

图 2-1 决策树方法学习与分类的过程

(5)确定类别。对满足条件①的叶节点,直接读取样本的类别来标识;对满足条件②或条件③的叶节点,选择最有代表性的特征来标识,一般情况下按照投票法选择最有代表性的特征。

(6)提取决策树规则。按照上面生成的决策树,可以逐条提取相关的决策树规则,由于决策树的特点,提取规则是非常方便的。

上述就是决策树分类的基本步骤,下面将通过这些步骤来说明决策树分类的过程。

2.2.2 决策树的测试属性选择

在用于分类的决策树,即分类树(classification tree)中,度量节点划分的优劣用不纯性度量(impurity measure)定量分析。如果对于所有分支,划分后相同分支的所有实例都属于相同的类,那么该划分是纯的。对于节点 m,令 N_m 为到达节点 m 的训练实例数,则对于根节点,$N_m = N$。若在 N_m 个实例中 N_m^i 个属于 C_i 类,则 $\sum_i N_m^i = N_m$。如果一个实例到达节点 m,则它属于 C_i 类的概率估计为

$$\hat{P} = (C_i \mid x, m) = \frac{N_m^i}{N_m} \tag{2-1}$$

如果对于所有的 i,p_m^i 都为 0 或 1,那么节点 m 是纯的。当到达节点 m 的所有实例都不属于 C_i 类时,p_m^i 为 0,而当到达节点 m 的所有实例都属于 C_i 类

时,p_m^i 为 1。如果划分是纯的,则不需要进一步划分,并可以添加一个树叶节点,用 p_m^i 为 1 的类标记。熵函数就是度量不纯性的可能函数之一(entropy)(见图 2-2)。

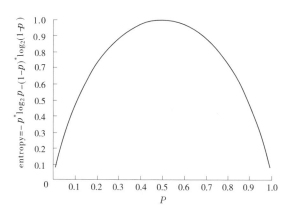

图 2-2　熵函数曲线

$$E_m = - \sum_{i=1}^{k} p_m^i \log_2 p_m^i \qquad (2\text{-}2)$$

式中:K 为总类数;p_m^i 为带点 m 处类别为 C_i 的概率;$0 \times \log_2 0 = 0$。

在信息论中,熵是对一个实例的类代码进行编码所需的最小位数。对于两类问题,如果 $p^1 = 1$,而 $p^2 = 0$,则所有的实例都属于 C^1 类,熵为 0;如果 $p^1 = p^2 = 0.5$,则熵为 1。在这两个极端之间,我们可以设计编码,概率更大的类用较短的编码,概率较小的类用较长的编码,每个信息使用不足 1 位。当存在 $k > 2$ 个类时,相同的讨论成立,并且当 $p^i = 1/k$ 时,最大熵为 $\log_2 k$。

熵虽然是很重要的不纯性度量,但并不是唯一度量。对于两类问题而言,其中 $p^1 = p$,$p^2 = 1 - p$,那么可以定义多种非负函数 $\Phi(p, 1-p)$,用来度量划分的不纯度,常见的测试属性的选择依据还有:

Gini 指数(Gini index)

$$\Phi(p, 1-p) = 2p(1-p) \qquad (2\text{-}3)$$

误分类误差

$$\Phi(p, 1-p) = 1 - \max(p, 1-p) \qquad (2\text{-}4)$$

ID3 算法按照信息增益量的大小确定测试属性。若测试属性 a 的值将样本集 T 划分成 $T_1, T_2, \cdots, T_m$,共 m 个子集,信息增益如式(2-5)所示:

$$\text{gain}(a) = \text{info}(T) - \sum_{i=1}^{m} \frac{|T_i|}{|T|} \times \text{info}(T_i) \qquad (2\text{-}5)$$

式中:|T|为数据集合 T 的样本个数;|T_i|为子集 T_i 的样本个数。

info(T)的计算方法如式(2-6)所示:

$$\mathrm{info}(T) = -\sum_{j=1}^{s} \mathrm{freq}(C_j, T) \times \log_2 \left[\mathrm{freq}(C_j, T) \right] \qquad (2\text{-}6)$$

式中:freq(C_j, T)为 T 中的样本属于 C_j 类别的频率;s 为 T 中样本的类别数量。

ID3 的改进算法是 C4.5,它按照信息增益比选择测试属性,信息增益比的计算方法如式(2-7)所示:

$$\mathrm{Gainratio}(a) = \frac{\mathrm{gain}(a)}{\mathrm{splitinf}(a)} \qquad (2\text{-}7)$$

其中,splitinf(a)表示分裂信息,即 T 分裂成 h 部分而生成的信息,计算公式见式(2-8):

$$\mathrm{splitinf}(a) = -\sum_{i=1}^{h} \frac{|T_i|}{|T|} \times \log_2 \frac{|T_i|}{|T|} \qquad (2\text{-}8)$$

测试属性的选择依据还有相关度、距离度量、最小描述长度、正交法等。各种度量方法有各自的效果,篇幅所限,此处不一一赘述。

2.2.3　决策树的剪枝

通常,如果到达某节点的训练样本数目小于训练集的某个百分比(如 5%),则无论是否不纯或有错误,该节点都不进一步划分。剪枝通常是通过某种方法删除不准确的分置来达到提升分类精度和运算效率的目的,其基本思想是:基于过少实例的决策树导致较大方差,从而出现较大的泛化误差。

在树完全构造出来之前停止树的生长称作树的先剪枝(prepruning)。这种方法通过函数判断当前节点是否需要继续分裂,从而达到剪枝的目的。其标准通常是统计学信息学中的某种指标,样本集如果停止分裂,当前节点就变为叶节点,当前节点所包含的训练样本也就不再需要继续划分。训练一棵准确的决策树的难点之一就是确定测试属性的合适阈值,如果阈值太大,决策树的结构就会非常简单,达不到分类的要求,而阈值太小就会出现决策树过分类的问题。

得到较小树的另外一种方法是后剪枝(postpruning),实践中比先剪枝效果更好。由于决策树属于"贪心"算法,除后剪枝外,每一步我们做出决策(产生一个节点)并继续进行,而不回溯尝试其他选择。在后剪枝中,我们让树完全增长直到所有的树叶都是纯的,并具有零训练误差。然后,我们找出导致过分拟合的子树并剪掉它们。我们从最初的被标记的数据集中保留一个剪枝集（purning set），在训练阶段不使用，对于每棵子树，我们用一个被该子树覆盖的训练实例标记的树叶节点替换它，如果该树叶在剪枝集上的性能不比该子树差，则剪掉该子树并保留树叶节点，因为该子树附加的复杂性是不必要的。与先剪枝相比，后剪枝得到的决策树准确度更高，但是却需要更多计算复杂度。目前，常用的后剪枝方法主要是根据分类错误率和编码长度对决策树进行剪枝。

　　分类错误率剪枝方式的实现方式是对决策树中的所有中间节点，分别计算如果被剪枝会造成的分类错误率，同样计算在不被剪枝的情况下可能的分类错误率，如果剪枝操作导致错误率增加，那么就不对决策树进行修剪，如果剪枝可以降低分类错误率，就对当前中间节点进行修剪。计算分类错误率是使用剪枝样本集实现的，它是在训练样本中选取一部分不参与训练决策树的样本集合，专门用来测试是否需要剪枝，最终获取精确度最高的决策树及规则集。

　　按照决策树的编码长度剪枝方式的理论，最好的剪枝效果就是描述决策树所用的编码长度最短。该方法根据最短描述长度准则对决策树进行修剪。与分类错误率剪枝方式相比，编码长度剪枝方式的优势在于不需要剪枝样本集。

　　当然，后剪枝方法也可以与先剪枝方法结合，得到一种更合适的决策树剪枝方法，达到更快速、更准确、所需成本最小地对决策树进行剪枝的目的。

2.2.4　由决策树提取规则

　　与其他分类方法相比，决策树的一个非常重要的优点是可解释性（interpretability），即决策树节点中的条件简单、易于理解。从树根到树叶的每条路径对应于条件的合取，所有条件都满足后才能到达树叶。这些路径可用IF-THEN 规则集表示，称作规则库（rule base）。从决策树的每个叶节点回溯到决策树的根节点，所经过的属性和阈值就是分类规则的条件（if 部分），而每个叶节点的类别就是分类规则的结果部分（then 部分）。这种表述方法更简单也更容易被理解，在训练样本比较复杂的情况下，这种优点将会更加突出。

　　在决策树分类模型中，叶节点经常以椭圆表示而中间节点则用矩形表示。如图 2-3 所示为一个简单的决策树描述，该图也显示了树分类与其他分类器相比的优点，即可标识性。也就是说，树中所体现的语义信息可以直接用逻辑表达式表示出来。如该决策树描述了水果种类的分类模型，从根节点到叶节点有 6 条路径，从而可以提取 6 种分类规则：

　　规则 1:if 颜色是绿色,and 尺寸为大,then 是西瓜。

规则 2:if 颜色是绿色,and 尺寸为小,then 是苹果。

规则 3:if 颜色是黄色,and 形状为圆,then 是柠檬。

规则 4:if 颜色是黄色,and 形状为细长,then 是香蕉。

规则 5:if 颜色是红色,and 味道为甜,then 是樱桃。

规则 6:if 颜色是红色,and 味道为酸,then 是葡萄。

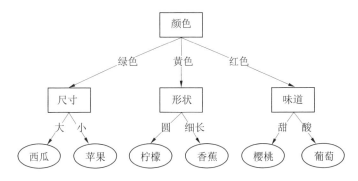

图 2-3　决策树的一次基本的自上而下的判别分析操作

　　这样的规则库可以提取知识,容易理解,并且使得该领域专家容易检验从数据学习得到的模型。对于每条规则,我们可以计算被该规则覆盖的训练数据所占的百分比,即规则的支持度(rule support)。这些规则反映数据集的主要特点:包括重要特征和划分位置。例如,在上述的例子中,我们看到就水果的种类而言,颜色就是一个重要特征。在第二级树中,分别用尺寸、形状和味道来划分它们。对于分类树,可能有多个树叶被标记为相同的类,在这种情况下,对应不同路径的多个合取表达式可以合并成一个析取。

2.3　决策树的特点

　　目前,模式识别领域有许多处理分类问题的模型,决策树模型作为其中重要的组成部分,被广泛使用于众多领域。决策树模型的主要优点如下所述:

　　(1)决策树分类方法容易生成可理解的规则。训练样本数越大的数据库,决策树方法的效果越明显,这是它显著的优点。

　　(2)由于决策树的学习算法属于"贪心"算法,分类时只处理信息增益的量最大的分支,因此具有建立速度快,计算量较小、可以处理连续值和离散值属性的优点。

　　(3)决策树技术可以处理不同测量尺度表达的数据,它不但可以使用连

续的或离散性的数学样本,同样能够处理语义数据,如表示方向的语义数据
(东、西、南、北)和表示位置的语义数据(里、中、外)等。

(4)决策树方法属于非参分类,无须假设先验概率分布,分类模型的鲁棒
性和灵活性更优秀,因此在遥感影像数据地物分布比较复杂,分类所用的数
据源尺度也各不相同的情况下,决策树分类模型有助于改善分类结果。

(5)对于研究中经常出现的训练样本噪声和属性缺失的问题,决策树方
法也能有效解决。

(6)决策树算法由于广泛使用,互联网上有许多各种类型的决策树算法,
众多使用者之间可以比较方便地交流和学习,普通用户也可以很方便地获取
决策树分类的各种共享软件。

(7)决策树分类原理比较简单,使用人员容易理解,而且在决策树分类的
过程中不需要设置参数,自动化程度更高,也更适合数据挖掘的要求。

决策树同样存在不少缺点,主要体现在以下几个方面:

(1)决策树算法是基于规则的算法,在产生规则时采用了局部的"贪心"
算法,每次只选取一个属性进行分析构造决策树,因而产生大量的规则,规则
就很复杂,效率明显会下降,而且既然是局部最优,无法保障全局最优。

(2)当类别太多时,错误可能就会增加得比较快。

(3)决策树的 ID3 算法涉及递归,而递归的复杂度和资源的占用率公认
较高。

(4)对有时间顺序的数据,需要很多预处理的工作。

(5)在决策树的学习中,由于分类器过于复杂,会过于适应噪声,从而导
致过拟合(overfit)问题。

2.4　决策树算法的发展

决策树算法通过对训练数据集进行归纳和学习而形成一系列的规则集
合,再根据生成的规则将全部影像数据进行归类。根据决策树本身的特点,
所有决策树算法都是"贪心"算法,它按照从上而下的顺序通过循环的方式生
成决策树并提取规则。

迄今为止,出现了各式各样的决策树算法,它们各有自己的特点,表 2-1
列举了决策树发展过程中出现的部分重要算法。

表 2-1　决策树发展过程中的部分算法

算法	提出者	出现时间	相关文献	特点	缺点
CLS 算法	Hunt	1966 年		通过添加节点来构造分类代价较小的决策树	没有明确选取测试属性的标准
ID3 算法	Quinlan	1983 年	[105-106]	依靠信息估计函数来训练决策树	容易选择较大值域的候选属性作为分类属性
C4.5 算法	—	—	—	克服 ID3 算法中信息最大增益偏向于多值属性	属于非增量算法,需要反复扫描样本集
CART 算法	Breiman,Friedman, Olshen,等	1984 年	[98,107-110]	能够确定决策树子树的拓扑形状	计算 Gini Index 值时,计算量受到限制
SLIQ 算法	Metha 等	1996 年	[111]	使用预排序方法,实现了每个节点对数据集进行排序	类别表会不断增大且常驻内存,比较耗费内存
SPRINT 算法	Shafter 等	1996 年	[112]	引入并行算法模式,从内存中去除类别表	非测试属性的属性分裂比较困难
MedGen 算法	Kamber 等	1997 年	[113-116]	对样本集进行"水平压缩"和"垂直压缩"处理	—

续表 2-1

算法	提出者	出现时间	相关文献	特点	缺点
PUBLIC 算法	Rajeev 等	1998 年	[117]	在建立决策树阶段就评估中间节点未来是否会被删除	计算复杂度比较高
Boosting 算法	Freund，Schapire，等	1996 年	[118-119]	根据上一个分类器分类的效果决定下一个训练数据集	很难逐步提高其分类器性能
Bagging 算法	Breiman	1996 年	[97]	有助于提高"不稳定"分类器的识别概率	有可能否决那些对特定特征有着高识别率的特别分类器所做的贡献

下面将从决策树家族中挑选部分代表性算法进行更详尽的说明。

（1）ID3 算法：1983 年，Quinlan 提出的 ID3 算法是决策树家族中比较重要的一种决策树，它是从上而下分裂的非递增式训练决策树的方法，属性选择的标准是信息熵函数，它是 CLS 算法的衍生算法，它们的属性特征值都是离散的。1986 年 Schlimer 和 Fisher 提出了 ID4 算法，提出了新的递增式地训练决策树的方法。Utgoff 则于 1988 年提出 ID5 算法，在无须重建决策树的前提下能够通过修改决策树来增加新的训练实例。

（2）CART 算法：1984 年，CART 算法——这种新的决策树分类方法由 Breiman，Friedman 和 Olshen 等提出。CART 算法不再用信息估计函数，而是使用基于最小距离的 Gini index 指数。使用该指数的优势在于可以确定依靠训练样本训练的决策树的拓扑形状。训练决策树时，当某一分支所属的训练样本集的类别大致可以归属为某一类时，可以使用多数表决的方法，将这一节点作为叶节点，停止对该节点的继续分裂，子数据集绝大多数记录所代表的类作为该叶节点的类标识，寻找下一个决策树分枝进行循环上述过程，直到决策树的全部分枝都变成叶节点。CART 算法使用基于最小错分率的后剪枝方法，首先使用部分训练样本集（这些训练样本不参与训练决策树）测试子树的分类错误率，修剪错分率较高的子树直到生成满意的决策树。对小样本数据集，训练样本数目太少，因此无法分离出独立测试样本的训练样本集来说，

CART 算法则采用交叉验证的方法来解决由于训练样本不足导致的决策树过度拟合问题。

CART 分类方法在计算 Gini index 函数值时,计算机硬件限制了递归操作所能处理的计算量,因此 CART 分类方法有些无法胜任大样本数据集的分类问题。

(3)Boosting 算法:上述决策树算法虽然各有所长,但是都只训练一棵决策树,限制了决策树算法的分类精度,基于此种情况,1996 年 Freund 和 Schapire 提出决策树的 Boosting 技术,这种分类技术综合了多棵决策树,根据子数据集的差异,构造不同的分类器,按照上一个分类器的分类结果决定下一个训练样本的集合,从而使得整个系列的决策树分类器的总体误分率呈现递减的趋势。当新增加的分类器边际误分率为零时,代表最终生成的所有决策树分类器的总分类错误率达到最小。

在 Boosting 方法的设计中,由于各种分类器对分类结果的贡献不同,因此需要对不同的分类器分别赋予不同的权重。由于整个系列的决策树分类器的总体误分率呈现递减的趋势,因此后面训练的决策树就会越来越接近理想的决策树结构。Boosting 方法构造的所有分类器虽然不一定拥有良好的稳定性,为了避免这种问题,采用均值方法来将分类的平均错误率降至最低。

原始的 Boosting 算法衍生出许多不同的变形算法。但其中最流行的是 Schapire 和 Freund 提出的 AdaBoost(Adaptive Boosting)算法。它弥补了原始 Boosting 算法的许多不足,该方法允许不断加入"弱分类器",直至达到预先设定的足够小的阈值。在算法中,每一个训练样本都被赋予某个权重,表示它被某个分量分类器加入训练样本的概率。如果某样本已经被正确地分类,那么在构造下一个训练集中,该样本被选中的概率就会降低;反之,如果某个样本没有被正确分类,那么它的权重就会得到提高。通过这样的方式,AdaBoost 算法能够集中训练那些不能被正确分类的样本上。具体的实现方法是赋予最初每个样本相等的权重值。进行 k 次循环操作后,就能够通过这些权重值来选择未被正确分类的样本,进而训练分类器 C_k。然后根据这个分类器,来提高被错分的那些样本的权重,降低已经被正确分类的样本的权重。接着权重更新过的样本集被用来训练下一个分类器 C_{k+1}。整个训练过程如此循环进行下去。最后的判定规则根据各个分类器的加权平均来得到。

具体的算法步骤如下:

第一步:初始化数据集。$D = \{x^1, x_1, x^2, x_2, \ldots, x^n, x_n\}$,$W_1(i) = 1/n, i = 1, 2 \cdots, n$,其中 $x \in X$,$y \in Y = (1, -1)$。

第二步：for $(k=\{1,k_{\max}\})$的一个循环。

①利用权值$W_k(i)$训练弱分类学习算法，也就是各个基本的分量分类器。

②得到弱假设h_k，也就是分量分类器C_K给出的对任一样本点x^i的标记（+1或者-1）。

③计算使用$W_k(i)$的D测量的C_k的训练误差e_k：

$$e_k = p[h_k(x_i) \neq y_i] \tag{2-9}$$

④令$a_i = \dfrac{1}{2}\ln\left(\dfrac{1-e_k}{e_k}\right)$，则

$$W_{k+1}(i) = \frac{W_k(i)}{Z_k} \times \begin{cases} e^{-a_k}, h_k(x_i) = y_i \\ e^{a_k}, h_k(x_i) \neq y_i \end{cases} \tag{2-10}$$

式中：Z_k为归一化常数，使得$W_k(i)$能够成为某个概率分布。

第三步：输出结果。

$$H(x) = \text{sign}\left[\sum_{k=1}^{k_{\max}}(a_k h_k)\right] \tag{2-11}$$

Boosting刚开始构造一个弱分类器比较容易，但是要逐步提高其分类器性能则比较困难，到了后面为了提升一点点分类精度都需要花费巨大的努力来设计合适的分类器，因此其最大的难点主要在于如何优化各种参数。

（4）Bagging算法：是Breiman在1996年提出的。Bagging算法的名字来源于Bootstrap Aggregation（自动聚集），它表示如下过程：从大小为N的数据集D中，分别独立随机地抽取n个数据（$n<N$）形成一个数据集，并且此过程将独立进行许多次，直到生成很多个独立的数据集。然后，所有数据集都将相互独立地用于训练许多分量分类器（component classifier）。最终的分类结果将根据这些分量分类器各自分类结果的投票来决定。一般情况下这些分量分类器的模型都是一样的，例如它们可能都是最大似然法分类器，或者都是神经网络分类器，或者都是支持向量机方法等。当然，由于各自的训练集的不同，具体模型参数也可能不同。

如果训练样本的细微变化就导致分类器的显著改变，从而导致分类准确率或分类精度的较明显变动，那么这种分类或者学习方法通常会被非正式地称为"不稳定"的，比如使用"贪心"算法训练的决策树的不稳定性就有可能较高，因为仅仅是某一个样本位置的细微变化都有可能完全改变最终的决策树整体结构。一般说来，Bagging算法有助于提高"不稳定"分类器的识别概率，因为它对分类精度变化较大的地方进行了平均化的处理，但尚未有理论推导

或者仿真实验证明 Bagging 算法能够适用于所有的"不稳定"分类器。而且,该算法最基本的判决标准就是各分量分类器的分类结果使用投票表决原则。该原则的缺陷在于有可能否决那些对特定特征有着高识别率的特别分类器所作的贡献。例如,在 5 个分量分类器中,4 个投票选择了某种输出,但实际上这种输出的精度可能会很低,而恰恰另外的一个分量分类器所判决的类别可能是最精确的类别输出。

以 Boosting 技术训练的分类器为参照,Bagging 算法构建的分类器的平均错分率较高,并不能逐步降低错分率,且没有提高分类效果不好的那部分训练样本的权重值,但是不可否认的是,Bagging 算法所构造的决策树分类器,由于随机选取训练数据样本,所以基本所有的决策树分类器不会像 Boosting 算法构建的分类器那样分类结果相差很大,最后综合这些决策树分类器的最终形态的决策树分类器就会更加稳定。已有研究结果表明,Bagging 算法和 Boosting 算法构建的决策树分类器比以前的 ID3、C4.5 等算法构造的决策树更为优秀,不但分类精度更高而且稳定性也有一定程度的提升,但它们需要的硬件资源很大程度上限制了 Boosting 和 Bagging 方法的广泛应用。

由于篇幅所限,此处不再一一赘述。诸如 Rainforest 算法、EC4.5 算法、CLOUD 算法和 SPEC 等其他决策树算法,需要进一步深入了解的读者,请查阅相关文献与参考书。

2.5 随机决策森林算法理论

2.5.1 随机决策森林算法描述

1989 年,Mingers 提出最早的随机决策树方法理论,但是到 1992 年时,Buntine 和 Niblett 的实验仍然表明,在大多数情况下,随机决策树方法比普通的决策树精度还要低。20 世纪 90 年代早期,随着机器学习领域的学者们系统引入了方差和偏差等统计学概念后,基于高方差的模型(如 CART 和 C4.5 等)才渐渐出现,但是这些模型的测试属性和切点,包括决策树的所有内部节点和叶节点很大程度上受训练样本的影响,因此这些模型的精度随机性较大,为了降低高方差和偏差,众多学者分别提出不同的算法,如 Wolpert(1992)提出的 Stacking 算法和 Freund 与 Schapire(1996)提出的 Boosting 算法有效地降低了偏差,Breiman(1996)的 Bagging 算法在不显著增加偏差的基础上降低机器学习算法的方差,这些算法才逐步将随机方法引入到机器学习研究领域中。

常见的随机算法包括 Breiman 于 1996 年提出的 Bagging 算法、Ho 于 1998 年提出的 Random Subspace 算法、Breiman 于 2001 年提出的 Random Forests 算法等。在此基础上,Pierre Geurts,Damien Ernst 和 Louis Wehenkel 于 2006 年提出了随机决策森林算法,下面将根据决策树生成的流程,对关键步骤进行说明。

2.5.1.1　测试属性选择

随机决策森林算法的测试属性的选择是完全随机的,在使用训练样本进行决策树训练时,在所有参与分类的属性中随机选择测试属性,并与随机生成的阈值进行比较,将训练样本分类两个分支,这个过程循环下去,直到叶节点。

从上述描述可以明显发现与经典的决策树算法相比,运算的复杂度大大增加了,为了一定程度上降低运算量,随机决策森林算法提出得分函数 SCORE:

$$SCORE = \frac{2I_c^s(S)}{H_s(S) + H_c(S)} \tag{2-12}$$

式中:$I_c^s(S)$ 为划分结果 s 和实际类别 c 的互信息;$H_s(S)$ 为训练样本中针对划分 s 的信息熵;$H_c(S)$ 为训练样本中针对类别 c 的信息熵。

在信息学里,互信息是计算语言学模型分析的常用方法,它度量两个对象之间的相互性。互信息本来是信息论中的一个概念,用于表示信息之间的关系,是两个随机变量统计相关性的测度,通常用互信息作为特征词和类别之间的测度,如果特征词属于该类,它们的互信息量最大。

随机决策森林算法与标准 CART 算法的区别在于它一次性生成多棵决策树,然后使用验证样本计算决策树的分类精度,最后选择分类精度最高的决策树对影像进行分类运算。

在实际应用中,对于遥感影像,通过目视解译或特征提取算法,在遥感影像中选择具有代表性的样本集 S,算法在遥感影像数据中随机挑选波段序号 a 和在该波段上亮度值的阈值 t 作为测试属性和阈值,在决策树上形成节点,并将样本集 S 划分为两个子数据集 S_L 和 S_R,然后根据式(2-12)计算该节点的得分值,将所有随机生成的测试属性和阈值一一计算得分值后,认可得分最高的节点,即得分最高的影像波段的序号和亮度阈值 t 作为决策树的正式节点,并将训练样本集 S 划分为 S_L 和 S_R,从而实现决策树的测试属性选择。

2.5.1.2　决策树的剪枝

随机决策森林算法所采用的剪枝方法是后剪枝技术,通过训练样本生成的所有树叶都是纯粹的,并具有零训练误差,然后找出过拟合子树并剪掉它们。随机决策森林算法选择部分训练样本作为剪枝集,但并不参与决策树训练,而是用来测试子树是否过拟合,后剪枝比先剪枝需要更多的计算时间,但是可以得到更准确的决策树。

在实际应用中,遥感影像中选取训练样本集 S,从其中按照比例选择部分样本 T 作为剪枝集,然后根据决策树中的任意中间节点 N 所体现的规则确定剪枝集 T 中符合规则的样本集 t,接着将该中间节点用样本集 t 代替作为叶节点,然后分别计算二者的分类错误率。与不进行替换的分类错误率相比,如果替换后的分类错误率并没有显著增加,则可以将该中间节点作为叶节点,从而可以降低决策树的计算复杂度,实现对决策树进行剪枝的目的。

2.5.1.3　确定叶节点类别

随机决策森林算法采用后剪枝方法,所有的树叶节点都是纯的且具有零训练误差,因此该算法叶节点类别的确定比较简单,当子树可以标志成为叶节点时,读取该叶节点训练样本类别的归属类别,然后将其赋值给叶节点即可。实际操作中,读取决策树的叶节点所覆盖的训练样本集 b 的实际类别属性,由于算法的特性,遥感影像中训练样本集 b 所有元素的真实类别应该相同,从而可以确定该叶节点类别的归属。

对该算法的详细描述见表 2-2。

表 2-2　随机决策森林算法描述

创建随机决策森林(S)

输入:训练样本集 S

输出:树群 $T = \{t_1, t_2, \cdots, t_M\}$

—For $i = 1$ to M

　　$t_i =$ 生成随机树(S);

—返回 T

生成随机树(S)

输入:训练样本集 S

输出:决策树 t

—如果下面情形,返回叶子节点:

(1)训练样本集 S 的个数<最小分类数;或者

(2)节点不纯度<阈值(改进 2)

—否则:

　　1. 从属性集里选取 k 个属性 $\{a_1, a_2, \cdots, a_k\}$;

续表 2-2

2. 对全部属性 a_i, $i=1,2,\cdots,k$(改进4),随机划分数据(S,a_i);生成 K 个集合 $\{s_1,s_2,\cdots,s_k\}$

3. 对 K 个划分集分别计算得分 Score(改进1),取分值最高的划分方法 s^*;

4. 根据划分 s^* 将样本集 S 划分为左数据集 S_l 和右数据集 S_r;

5. 针对左数据集 S_l 和右数据集 S_r,$t_l=$生成随机树(S_l),$t_r=$生成随机树(S_r);

6. 依照 s^* 创建分割节点,t_l 和 t_r 分别为左、右子树;

7. 最终返回随机决策树 t

随机划分数据(S,a)

输入:训练样本集 S 和属性 a

输出:划分方法

—计算样本集 S 中属性 a 的最大值 $a_{S_{max}}$ 和最小值 $a_{S_{min}}$

—在$(a_{S_{min}},a_{S_{max}})$中随机选择切点 a_c

—返回划分集$(a<a_c)$

在方差和偏差等统计学理论方面,决策树待选属性和切点的完全随机选择结合不同决策树平均方法使得该方法比其他弱随机方法的方差要小,而且用全部的原始样本集生长决策树很大程度上会降低偏差值。从计算复杂度方面来看,假设决策树是平衡的,则计算复杂度为 $N\times\log_2 N$,该方法与其他决策树方法的差别不大;假定节点分割的复杂度是一样的,该方法与其他基于局部最优的决策树方法相比,需要考虑的因素较少,从而计算复杂度要小很多。

2.5.2　随机决策森林算法存在的问题及改进

在将随机决策森林算法运用到遥感影像分类的过程中,为了实验的需要,需对算法进行一定限度的改进,以提高分类的精度和运行效率,主要包括以下几个方面:

(1)在实验过程中发现根据上述算法生成的决策树集合中会出现极不均衡的决策树,即训练样本划分的一部分数据过早地成为叶节点,但是另一分支却达不到节点不纯度的要求。针对这一情况,在计算相关划分得分 SCORE 时,添加树平衡系数 TS,如式(2-13)所示。

$$TS = \sqrt[3a]{\frac{Num_{original}}{|\,Num_{Left} - Num_{Right}\,| + 1}} \tag{2-13}$$

式中:$Num_{original}$ 为数据集 S 的元素数目;Num_{Left} 与 Num_{Right} 分别为数据集 S 分裂后的两个数据集的所包含的样本个数。

　　为了防止 $Num_{Left} = Num_{Right}$,从而导致除数为零,因此在二者相减的绝对值后加 1。但此时整个除式的值域范围为 $[1,\ Num_{original}]$,直接掩盖了原算法 SCORE 数值的变化,因此需要在树平衡系数中加入调整参数 a,定义为以十进制表示的训练样本集 S 的元素数目的位数,如果 S 的元素个数为上千,则 $a =$ 3,如果 S 的数目为数百,那么 $a = 2$,从而将树平衡系数 TS 的值控制在 $[1,\ \sqrt[3]{10}]$ 之间,经过多次实验证明,在这个值域范围内的 TS,既能有效调整决策树不平衡的子树,又不至于过度影响原算法对子树性能的评价。

　　(2)随机决策森林算法采用后剪枝技术,后剪枝技术的特点是先由算法生成不受干涉的完整决策树,然后对子树进行剪枝。与先剪枝技术相比,后剪枝技术不但需要承担决策树完全生长的计算复杂度,而且其本身的剪枝操作同样增添了计算的负担,因此后剪枝技术的优点在于能得到阈值更精确的决策树,但缺点在于花费更多的计算时间。可惜由于随机决策森林算法所有的阈值都是随机获取的,这就决定了该算法不太可能获取到阈值最精确的决策树,因此实验采用了先剪枝技术,在决策树生成的过程中对所有新生成的子树进行判断,是否符合转变为叶节点的标准,一旦符合,则将该子树当作叶节点处理,不再生长,从而达到降低计算量,提高运算效率的目的。

　　(3)随机决策森林算法并不将样本集分为训练样本和验证样本,而是全部作为训练样本,然后使用这些样本进行精度验证,虽然这种方法充分利用了训练样本集,可以一定程度上提高算法生成决策树的可靠性和性能,但使用同样的训练样本对决策树错误进行评估所得到的评价结果可能会遭到质疑,而且并不符合现有分类方法对训练样本和验证样本的划分,因此为了提高验证样本的独立性和分类精度的可信性,按照常用的方法随机将样本集按比例分为训练样本和验证样本。

　　(4)根据算法的表述,为了保证每次生成决策树的独立性,参与分类的属性应为全部待选属性的一部分,而不宜使用全部属性,但是随机决策森林算法的高度随机性决定了它需要较多的待选属性才满足其完全生长和独立性的要求。在实际应用中,遥感影像的波段数目就表示了训练样本中的待选属性,多光谱遥感影像的波段数本来就较少,虽然可以通过波段间的运算得到其他的指数或额外的数据,但是毫无疑问,这些新数据与遥感影像的原始波段相关性很高,所以不能依靠这种方法增加训练样本的待选属性。如果按照算法只使用其中一部分波段,将不能保证能够生成独立且不受干涉的决策树,因此本章实验所使用的数据源是多光谱影像时,影像全部波段都参与分类。

(5)在算法理论中,生成的决策树可以无限制地生长,直至子树全部成为纯粹的叶节点。但在实际应用中,随着训练样本数据量的增加,决策树的中间节点和叶节点的数目将会数以百计,甚至上千,决策树的结构也纷繁复杂,这将会给实际的分类过程造成相当大的困难。另外,编程语言变量长度是受限制的,如果超出了界限,决策树的精度将会遭受损失,导致在使用通过训练样本生成的决策树对整幅遥感影像数据进行分类时,可能出现不必要的地物类型误分,因此在改进后的算法中决策树的层数限定为15层,如果子树在15层仍然不能生成叶节点,那么将子树所覆盖的元素划归到"未分类"这一地物类别中。在后期对决策树进行精度评价时,"未分类"所包含的元素越多,决策树的精度将会越低,从而这棵决策树将会被舍弃。

(6)在训练样本数目较大的情况下,如果设定节点不纯度的阈值为0,那么将会出现许多单元素数据集,这样不但很大程度上拖慢了运行的效率,而且没有必要,所以在改进算法中设定的节点不纯度为0.05,这样虽然增加了决策树剪枝和确定叶节点类别等关键步骤的难度,但是却有效地降低了整个决策树的复杂度和中间节点的数量,从而提高算法的运行效率。

2.6　本章小结

本章首先介绍了遥感分类的来源——模式识别,包括其定义、方法及决策树算法的定义,然后在2.2节简要地介绍决策树算法的步骤并根据决策树分类流程对其中的关键步骤(包括决策树的生长、测试熟悉的选取、决策树的剪枝和由决策树提取分类规则在内)进行详细论述;2.3节根据前人众多的研究成果尝试对决策树的优、缺点进行总结,并分析讨论导致缺点的原因;2.4节论述了决策树算法的研究进展,并选择部分有代表意义的决策树算法进行比较详细的说明;2.5节介绍了随机决策森林算法,并给出了算法的详细描述,最后分析了随机决策森林算法存在的一些不足之处和本书对随机决策森林算法提出的改进之处。

第 3 章　多光谱遥感影像分类应用

3.1　多光谱遥感概述

遥感是在 20 世纪 30 年代航空摄影与制图的基础上,伴随电子计算机技术、空间及环境科学的进步,于 60 年代蓬勃兴起的综合性信息科学与技术,是对地观测的一种新的先进技术手段。遥感综合运用物理原理、地学规律和数学方法,在远处以非接触的方式通过收集目标物的电磁波信息,对物体形状、性质和变化动态进行探测。遥感的理论基础是物理学,核心是电磁波理论,因此遥感影像的光谱信息是遥感研究中最直观也是最重要的研究内容。

多光谱遥感是指对波段宽度大于 10 nm 且在电磁波谱上波段并不连续的传感器获取的遥感数据的研究。从 1957 年苏联发射第一颗人造卫星 Sputnik-1 起,到高光谱影像出现为止的几十年间,发射升空的都是搭载多光谱传感器的卫星,因此多光谱遥感是整个遥感这门新兴的学科研究中非常重要的组成部分。

3.1.1　多光谱遥感系统的组成

多光谱遥感系统的组成比较复杂,总的来说可以分为主动遥感与被动遥感两种,本章主要讨论可见光波段遥感影像的分类研究。

图 3-1 为可见光遥感系统的总体示意图。总的辐射源——太阳照射地球表面,大气层和地表折射与反射的电磁波能量,还有地球作为辐射源发出的电磁波能量一部分被传感器接收,传感器记录下来并将信息传输给研究人员,研究人员对其进行数据处理后分析遥感影像所包含的有关地物的信息,经过遥感影像信息提取后得到人们感兴趣的专题信息。在这个过程中,研究人员的作用是毋庸置疑的,只有计算机的强大计算能力与研究人员的专业知识相结合,遥感系统才能鲁棒性强且真实反映地面物体信息。

根据图 3-1 所示,可见光遥感系统可以大致分为以下 3 部分:

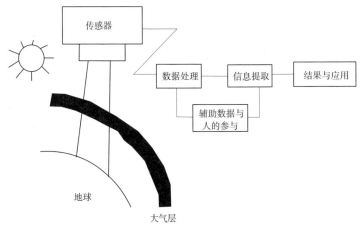

图 3-1　可见光遥感系统的总体示意图

(1)场景。此部分是自然界长久存在的,人们仅仅能够利用它,但是却不能控制它,它也是整个遥感系统中最复杂的部分,直到现在人们还没有完全破译,它包括以太阳作为辐射源的电磁波入射到电磁波能量出射大气层为止的部分。"大气窗口"的存在,使得遥感的应用成为可能。

(2)传感器系统。此部分是人们在卫星升空前设计好的,但是人们只能设计完美地被动接收传感器送出的数据及其当时的参数,并不能控制传感器送入数据的质量。

(3)数据处理系统。是唯一能被研究人员完全控制的部分。在这个阶段,研究人员可以针对接收到的数据特点选择合适的方法来处理遥感数据。

3.1.2　多光谱数据的描述与数学模型

人们选择数据处理方法的前提是如何将多光谱数据在数学上加以表述。多光谱数据的表述方法有许多,但是有 3 种最主要的在数学上表述遥感数据的方法:①图像空间;②光谱空间;③特征空间,如图 3-2 所示。下面将分别介绍这 3 种多光谱数据描述空间。

(1)图像空间:多光谱数据最常见的表达方式。图像空间描述了地物的空间分布关系。由于很难从图像空间提取出波段间相互关系,因此图像空间仅能表达多光谱影像中一部分信息。

(2)光谱空间:由于图像空间的不足,才出现了光谱空间,在光谱空间里,

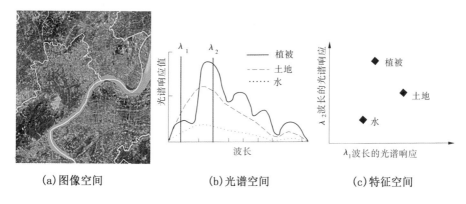

（a）图像空间　　　　（b）光谱空间　　　　（c）特征空间

图 3-2　多光谱数据不同描述方式

每种地物都以一条波谱曲线表示地物在不同波段上的光谱响应,因此出现了一种根据光谱曲线匹配地物的方法,称为光谱匹配法,这种方法最重要的步骤是建立一个标准的地物光谱曲线库,里面存放各种不同种类地物在比较标准的条件下获取的光谱响应曲线。但是在实际应用中,传感器接受的辐射会受到多种因素的影响,如大气透明度和太阳辐照度、地球曲率等,而且无法测算这些因素对遥感影像造成多大的影响,因此这种方法适用于复杂条件下的遥感影像分析。

（3）特征空间:每个遥感影像（N 个光谱波段）像元在特征空间描述为一个点,这个点是一个 N 维向量,它包含在所有维度（波段）上该像元光谱信息的矢量和,这种表述方法除有点不易理解外,定量地描述了地物在不同波段的光谱响应,而且人们还能分析出光谱响应的规律。

多光谱技术的历史已经有大约 60 年,关于多光谱数据的数学模型也有许多种,这些模型大致可以分为统计模型、模糊理论模型、人工智能模型、判决性模型、神经网络模型等类别,但是这些模型都不能完全描述多光谱数据中所包含的信息,因为多种不可测量的外界因素的影响,传感器所获取的光谱曲线是以实验室光谱为中心,在一定幅度内上下变动的光谱曲线,因此人们分别采用了判决性模型和信号+噪声模型对应上述两种情况。

为了说明判决性模型和信号+噪声模型,选用某种土壤的 5 个样本绘出不同模型下的光谱曲线,如图 3-3 所示。

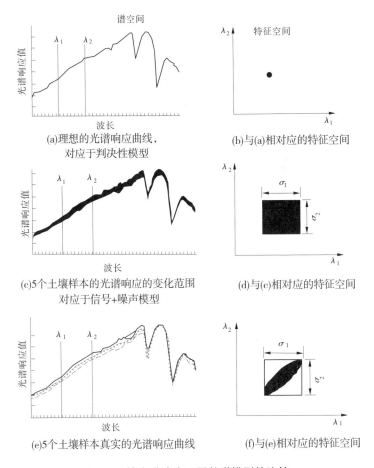

图 3-3　土壤光谱响应不同数学模型的比较

3.2　多光谱遥感的发展

　　遥感从其内容说,包含航空和航天信息两类。就其应用范围来看,传统所称的摄影测量和像片判读也应归属于广义的遥感一词之中。

　　其实,从空间观测地球,以此获得的资料编制地图,其时间可以追溯到更早的时候。

　　1839 年,自世界上发明了照相摄影技术后,法国就有人曾试用拍摄的照片制作地形图。19 世纪 50 年代末 60 年代初,法国、美国相继利用气球拍摄到巴黎街道鸟瞰照片和波士顿街道照片,它们均是城市街道图早期的原始资料。19 世纪 80 年代,英国、俄罗斯和美国都曾有人通过风筝拍摄地景照片, 90 年代还有人论述了用这些地物照片转换为正射投影,继而制作出地形图的 方法。1903 年,曾有人利用鸽子进行空中摄影,它们的目的都是在空间利用 各种方法来观测地球并描绘地面的情况。1909 年,世界上第一次利用飞机实 现了空中观测地球,拍摄了地面像片,这可以认为是航空遥感的一个开端。自 此不久,人们就开始采用航空照片编制地形图,从而使航空摄影及其在制图中 的应用达到了一个新的发展阶段。在此期间,德国蔡司公司又研制成像片立 体自动测图仪,这为航空立体摄影制图提供了新的技术手段,也为今后的摄影 测量制图仪器的发展奠定了基础。20 世纪二三十年代,又出现了彩色航空像 片摄影,并很快应用于海底、海岸地形的测量。

总之,自飞机问世后,航空像片在军事、地质、地理、林业、农业的调查研 究,水利和石油勘测方面的应用不断扩大,航空像片在制图中起到了越来越重 要的作用。

自 1957 年苏联发射了世界上第一颗人造卫星以来,开始从卫星上拍摄地 球和月球的像片,继而又在"阿波罗 9 号"上第一次拍摄了多光谱图像。这为 以后的地球资源卫星的探测奠定了基础。

1972 年,美国发射了第一颗地球资源卫星(Landsat-1),这为探测地球自 然资源,发展航天遥感开辟了一个新的途径,也为研究地球景观和环境信息专 题制图提供了连续完整的丰富资料。

继第一颗陆地卫星后,1975 年和 1978 年又分别发射了 Landsat-2、 Landsat-3 陆地卫星。它们主要是为了探测地质、矿产、森林、土地资源,进行 农作物产量估算与环境污染动态分析和监测等。目前,各有关部门都利用 Landsat 系列陆地卫星所获取的信息编制各种专题地图,如地质图、地貌图、植 被图、森林图、土壤图、土地利用图、土地类型和土地资源图及自然灾害图等。 这些地图一般都是依据该卫星系列图像资料,通过光学处理、图像增强,经目 视解译而成的。但它们所利用的 MSS 图像分辨率较低,对专题分析制图不甚 理想。1982 年和 1985 年美国发射了 Landsat-4、Landsat-5,它的遥感器除星 载的多光谱段(MSS)外,还专门设计有 TM(Thematic Mapper)专题制图仪,其 包含有 3 个可见光波段:$0.45 \sim 0.52$ μm、$0.52 \sim 0.60$ μm、$0.63 \sim 0.69$ μm、1 个近红外波段:$0.76 \sim 0.90$ μm;2 个中红外波段:$1.55 \sim 1.75$ μm、$2.08 \sim$ 2.35 μm;1 个远红外波段:$10.04 \sim 12.50$ μm。其量测精度达 8 bit,即图像灰 阶为 256 级。可见该卫星的功能主要在于改进专题制图及监测的能力。它的 地面分辨率为 30 m×30 m ,是 MSS(80 m×80 m)的 7 倍。1999 年又相继发射了备有增强型专题制图仪(ETM)的 Landsat-7。

我国遥感事业起步略晚。1978~1986 年,我国遥感事业发起了由腾冲航空遥感实验、"天津-渤海湾"环境实验、二滩水能开发遥感实验组成的"三大战役",有效地促进了我国遥感科学技术在国民经济众多领域迅速推广应用。2010 年,我国又发起了对地观测领域新的"三大战役",包括国家重大科技专项——高分辨率对地观测系统重大专项(CHEOS),由国家国防科技工业局、前解放军总装备部牵头实施;国家空间基础设施(CNSI),由国家发展和改革委员会、国家国防科技工业局、财政部牵头实施;中国全球综合地球观测系统(China GEOSS),该系统由各部委联合推进,中国 GEO 秘书处设在科技部。新的"三大战役"为我国遥感事业的发展提供了新的机遇,使我国遥感事业进入了快速发展的新时期。

国家重大科技专项——高分辨率对地观测系统重大专项(简称高分专项)重点发展基于卫星、飞机和平流层飞艇的高分辨率先进观测系统,与其他中、低分辨率观测手段结合,形成时空协调、全天候、全天时的对地观测系统,天基系统、临近空间观测系统、航空观测系统、数据中心系统、应用系统紧密配合,构建出我国自己的对地观测系统。

我国的高分专项对地观测系统,自 2013 年 4 月 26 日高分一号卫星发射,到 2021 年 3 月 31 日高分十二号卫星升空为止,多种类型卫星各司其职,承担不同方面的任务,见图 3-4。高分一号卫星和高分六号卫星,属于太阳同步轨道卫星,搭载的 PMS 传感器在可见光-近红外波段具有 4 个波段,空间分辨率方面全色分辨率 2 m、多光谱分辨率 8 m,具有丰富的纹理信息和结构信息,可以更直观地体现现实地表情况。高分二号卫星传感器和波段数类似,但空间分辨率达到 0.8 m,它的成功入轨标志着我国在亚米级高分辨率卫星中幅宽达到世界最高水平。高分三号卫星是我国首颗分辨率达到 1 m 的 C 频段多极化合成孔径雷达(SAR)卫星,具有全天时、全天候观测能力。它的工作频段位于 C 波段/5.4GH,极化方式为全极化(HH,HV,VH,VV),工作模式包括聚束模式、条带模式(超精细、精细条带Ⅰ、精细条带Ⅱ、标准条带、全极化条带Ⅰ、全极化条带Ⅱ)、扫描模式(窄幅、宽幅)、波模式、全球监测模式、扩展入射角模式等 12 种模式,其中聚束模式的空间分辨率达到 1 m。高分四号卫星属于地球同步轨道卫星,时间分辨率高,能在 10 min 内对 2 000 km×2 000 km 的局部区域进行成像,有利于捕捉地物的变化过程,具备热点、重点事件快速响应的能力。高分五号卫星是中国首颗搭载多角度偏振探测器及高光谱探测器的卫星,在连续的窄波段成像,获得更精细的光谱信息,同时能对地物进行多

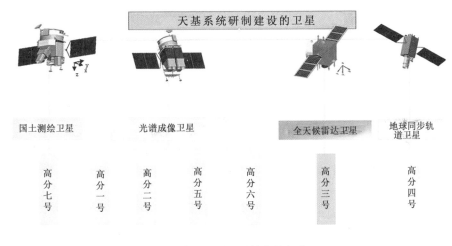

图 3-4　高分系列卫星的定位与分工

个方向的探测,提供地物的偏振信息,大大丰富了地物的探测信息。高分七号卫星属于太阳同步轨道卫星,是一颗可测制高比例尺地形图的国土测绘卫星,全色波段的空间分辨率达 0.6 m,所搭载的 RMS 传感器的测距精度达到 1~2 m,大大提高了我国国土测绘的效率,也提升了我国基本比例尺地图的更新速度,为数字中国地理空间框架的建设提供了良好的数据支撑,意义重大。

　　近年来的卫星影像空间、辐射和时间分辨率不断提高,多光谱遥感的作用也从以前的对普通地图的修测或更新内容转为制图的主要手段。

　　总之,多光谱遥感发展到今天,其历史可以分为以下 3 个时代。

　　(1)第一个时代是早期卫星。从 20 世纪 60 年代到 1972 年,代表性的卫星有 CORONA、ARGON、LANYARD 等侦察卫星,这些卫星获取的是黑白照片,空间分辨率只有 140 m,这个时期的遥感还类似于航空摄影测量。

　　(2)第二个时代是遥感的实验室和初步应用。从 1972 年到 1986 年,这个时代开始的标志是 Landsat-1 的发射与使用,这个时期的代表卫星包括分别于 1982 年和 1984 年发射的搭载 MSS 和 TM 传感器的 Landsat 卫星,1986 发射的 SPOT-HRV 卫星等,这个时期的空间分辨率已经可以达到几十米,初步满足人们大尺度研究的需要。

　　(3)第三个时代是遥感的广泛应用。从 1986 年至今,这个时代的卫星很多,人们也不满足于可见光遥感,开始涉足微波遥感领域,在这个时期,多光谱遥感已经发展为多平台、多尺度、多用途的对地观测系统。这种对地观测系统由地球同步轨道卫星(35 000 km)、太阳同步卫星(600~1 000 km)、太空飞船

（200~300 km）、航天飞机（240~350 km）、探空火箭（200~1 000 km）、高中低空飞机、升空气球、无人飞机和地面遥感车等组成。

3.3　研究方法

3.3.1　数据预处理

训练数据的质量在很大程度上影响着制图精度。由于缺少与影像对应区域地面的实际样本，为了保证选择样本的代表性，参考 1∶100 万土地利用数据库，结合遥感目视解译，在训练用影像和验证用影像中按照 3∶1 的比例共选出各类有代表的样本 2 987 个，表 3-1 为各类别训练样本数与验证样本数。

表 3-1　各类别训练样本数与验证样本数

类别	训练样本数	验证样本数
水体	513	139
水田	335	100
植被	498	147
旱地	501	118
居民地	498	118
道路	495	133
合计	2 840	755

本次实验所采用的 ALOS 影像包括 4 个波段，但是由于样本类别包括植被和水体，因此采用常见的归一化植被指数（NDVI）来提取植被，同时结合水体遥感，定义水体指数（WI），作为提取水体的一种尝试，水体指数被定义为蓝光波段数值与红光波段数值的商，即

$$WI = \frac{DN_B}{DN_R} \tag{3-1}$$

式中：DN_B 为蓝光波段亮度值；DN_R 为红光波段亮度值。

实验将上述的 NDVI 和 WI 作为两个波段数据，与影像本身 4 个波段一起组成 6 个波段参与影像的分类。

3.3.2　分类模型构建

本章分别采用随机决策森林算法和改进的随机决策森林算法对多光谱影像进行分类,并与使用广泛的非监督分类方法(如 ISODATA 法)、监督分类方法[如最大似然法、最小距离法、平行六面体法和 Mahalanobis 距离法(简称 M 距离法)]的分类结果在分类精度和运行效率方面进行比较,按照常用的方法随机将样本按照比例分为训练样本和验证样本(见表 3-1)。

根据分类流程,构建分类模型如下:

依照研究区影像及参照 1:100 万全国土地利用数据库,提取训练样本和验证样本,使用最大似然法、最小距离法、平行六面体法、M 距离法等监督分类方法,以及非监督分类方法(ISODATA 法)对研究区影像进行分类,然后用随机决策森林算法和改进的随机决策森林算法同样对影像进行分类,最后将各种分类方法的分类结果进行比较。

3.4　实验与分析

3.4.1　研究区与数据概况

研究区位于广东省惠州市龙门县,$114°9' \sim 114°20'E$、$23°44' \sim 23°52'N$。地形以山地和丘陵为主。实验数据为高分辨率卫星 ALOS 多光谱和全色影像,其中多光谱影像用来训练,大小为 1 909 px×1 612 px,空间分辨率为 10 m;全色影像用来验证分类结果,影像大小为 7 640 px× 6 434 px,空间分辨率为 2.5 m,如图 3-5 所示。

3.4.2　分类结果与精度评价

按照分类模型,得到最大似然法、最小距离法、平行六面体法、M 距离法等监督分类方法,以及非监督分类方法的混淆矩阵、分类精度和 Kappa 系数及各分类方法的分类结果图(见图 3-6、表 3-2),表 3-3~表 3-8 为各分类方法的混淆矩阵,改进的随机决策森林算法通过训练样本生成的分类规则如图 3-6 所示。其中,B_1 代表红光波段亮度值,B_2 代表绿光波段亮度值,B_3 代表蓝光波段亮度值,B_4 代表近红外波段亮度值,B_5 代表 NDVI 值,B_6 代表 WI 值;K_1 = 0.309 5,K_2 = 94.238 1,K_3 = 43.549 5,K_4 = 72.887 9,K_5 = 101.133 0,K_6 = 47.240 6,K_7 = 82.856 4,K_8 = 52.612 8,K_9 = 64.096 8,K_{10} = 56.005 9,

(a)实验区ALOS卫星多光谱影像　　　　　(b)实验区ALOS卫星全色影像
　　　　（训练用影像）　　　　　　　　　　　　（验证用影像）

图 3-5　实验区 ALOS 影像实验区影像

$K_{11} = 84.144\ 2$，$K_{12} = 65.179\ 9$，$K_{13} = 90.020\ 7$，$K_{14} = 82.610\ 5$，$K_{15} = 0.484\ 6$，L 与 R 表示决策树中不同级别的左数据集与右数据集。由于该决策树较复杂，篇幅所限仅将部分流程图画出，并列出所选用的属性与阈值。

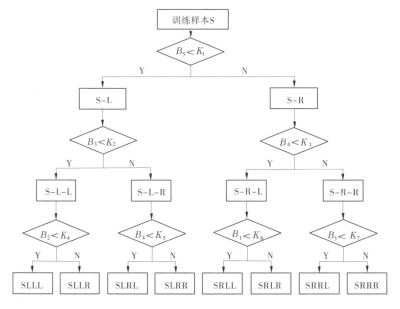

图 3-6　采用的分类方法流程（部分）

表 3-2 不同分类方法分类结果精度比较

分类方法	总分类精度/%	Kappa 系数	运行时间/s
ISODATA 法	—	—	15
最大似然法	87.02	0.843 8	16
平行六面体法	63.97	0.572 5	17
M 距离法	74.17	0.690 6	16
最小距离法	76.16	0.713 9	18
随机决策森林算法	89.93	0.878 2	321.8
改进的随机决策森林算法	90.73	0.888 5	246.6

表 3-3 最大似然法混淆矩阵

类别	水体	水田	植被	旱地	居民地	道路	小计
水体	139	0	1	0	0	0	140
水田	0	76	0	0	0	43	119
植被	0	12	145	0	0	0	157
旱地	0	0	0	104	6	4	114
居民地	0	0	0	0	107	0	107
道路	0	12	1	14	5	86	118
小计	139	100	147	118	118	133	755

总体精度=87.02%, Kappa 系数= 0.843 8

表 3-4 平行六面体法混淆矩阵

类别	水体	水田	植被	旱地	居民地	道路	小计
未分类	0	0	0	0	0	2	2
水体	139	0	0	0	0	0	139
水田	0	100	0	114	43	112	369

续表 3-4

类别	水体	水田	植被	旱地	居民地	道路	小计
植被	0	0	147	0	0	0	147
旱地	0	0	0	4	0	0	4
居民地	0	0	0	0	75	1	76
道路	0	0	0	0	0	18	18
小计	139	100	147	118	118	133	755

总体精度 = 63.97%，Kappa 系数 = 0.572 5

表 3-5　M 距离法混淆矩阵

类别	水体	水田	植被	旱地	居民地	道路	小计
水体	139	1	1	0	1	0	142
水田	0	81	0	0	0	8	89
植被	0	1	114	0	0	4	119
旱地	0	17	33	118	22	107	297
居民地	0	0	0	0	94	0	94
道路	0	0	0	0	1	14	15
小计	139	100	147	118	118	133	755

总体精度 = 74.17%，Kappa 系数 = 0.690 6

表 3-6　最小距离法混淆矩阵

类别	水体	水田	植被	旱地	居民地	道路	小计
水体	139	4	5	0	0	0	148
水田	0	64	0	0	4	0	68
植被	0	0	114	0	0	4	118
旱地	0	23	28	118	10	89	268
居民地	0	9	0	0	102	2	113
道路	0	0	0	0	2	38	40
小计	139	100	147	118	118	133	755

总体精度 = 76.16%，Kappa 系数 = 0.713 9

表 3-7　随机决策森林算法混淆矩阵

类别	水体	水田	植被	旱地	居民地	道路	小计
水体	139	2	1	0	0	0	142
水田	0	79	0	0	0	52	131
植被	0	0	146	0	0	0	146
旱地	0	14	0	118	7	10	149
居民地	0	4	0	0	111	16	131
道路	0	1	0	0	0	86	87
小计	139	100	147	118	118	133	755

总体精度 = 89.93%,Kappa 系数 = 0.878 2

表 3-8　改进的随机决策森林算法混淆矩阵

类别	水体	水田	植被	旱地	居民地	道路	小计
水体	139	2	0	0	0	0	141
水田	0	72	0	0	0	22	94
植被	0	1	147	0	0	0	148
旱地	0	12	0	116	5	12	145
居民地	0	12	0	1	113	1	127
道路	0	1	0	1	0	98	100
小计	139	100	147	118	118	133	755

总体精度 = 90.73%,Kappa 系数 = 0.888 5

　　使用改进的随机决策森林算法所得到的分类规则处理研究区影像,将分类结果图与非监督分类方法(如 ISODATA 法)、监督分类方法(如最大似然法、最小距离法、平行六面体法和 M 距离法)分类结果图比较,如图 3-7 所示。

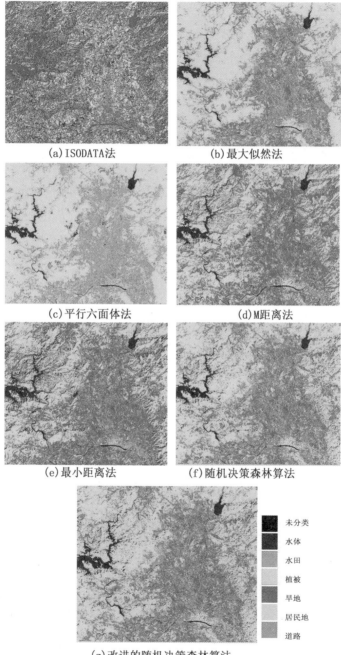

(a)ISODATA法

(b)最大似然法

(c)平行六面体法

(d)M距离法

(e)最小距离法

(f)随机决策森林算法

未分类
水体
水田
植被
旱地
居民地
道路

(g)改进的随机决策森林算法

图 3-7　分类结果图

通过实验分类图(见图 3-7)和获取的各分类方法分类精度比较及混淆矩阵(见表 3-2~表 3-8),可以得出以下结论:

(1)通过表 3-2 可以得出,改进的随机决策森林算法与随机决策森林算法相比,分类精度得到提高,在运行效率方面也得到优化;而随机决策森林算法与经典分类方法相比,精度有较大提升,但在运行时间方面,遥感软件 Envi 中各种经典分类方法远远领先于程序,虽然有软件不需编译的原因,但在程序优化方面仍需改善。

(2)各分类方法中分类精度最低的为平行六面体法,从表 3-4 和图 3-7(c)可以发现该方法将大量的旱地和道路都错误地分类成水田,从而导致分类精度大幅降低。

(3)从表 3-3~表 3-7 的各分类方法的混淆矩阵可以看出,各种分类方法对水体和植被的分类精度都非常高,由此可以得出实验预处理过程中将提出的归一化植被指数(NDVI)和水体指数(WI)起到了提升精度的效果。

(4)根据表 3-3~表 3-8 和图 3-7 可以发现各种分类方法中,居民地和旱地的分类准确度较高,而导致分类精度降低的类别集中在水田和道路两类,水田由于水的数量的差异,容易与旱地、居民地混淆,道路则在光谱方面与居民地的建筑物相差不大,不加入额外的辅助信息如纹理等,很难与建筑物区分。

3.5　普遍适应性研究

本章对广东省龙门县这一研究区使用改进的随机决策森林算法进行了实验,虽然取得尚可的实验结果,并对其进行研究后得出一些结论,但是实验的普遍适应性并没有得到证明。

决定任意两个遥感实验差别的最重要的三种元素是实验的数据源、空间、时间和研究方法。其中,数据源用来表明实验所采用的数据,包括遥感影像数据和辅助数据的类型;空间是指实验所选择的研究区,一般指卫星影像所覆盖的地区;时间表示进行实验的日期,通常是卫星影像的成像日期。

由于本节讨论改进的随机决策森林算法的普遍适用性,因此下文将分别对数据源、空间和时间 3 个方面因素进行讨论。

本章实验所采用的卫星数据是日本 ALOS 卫星的多光谱数据,与其他遥感卫星如 SPOT5、IKONOS 等相类似,都拥有包括 3 个可见光、1 个近红外在内的 4 个波段。虽然 SPOT5 没有真正的蓝光波段,而 ALOS 和 IKONOS 则拥有蓝光波段,但这仅仅说明 SPOT5 不能像 ALOS 和 IKONOS 那样真彩色显示卫星影像数据。因此,本章的实验及其大部分结果从数据源这方面来讲,可以推及其他的高分辨率卫星影像。

　　本章实验所选择的研究区位于广东省龙门县,114°9′~114°20′E、23°44′~23°52′N,地形以山地和丘陵为主,研究区的地物类别包括水体、植被、旱地、水田、居民地和道路等,是我国南方具有代表性的地物类型,与我国南方的大多数地区相比并没有很大的特殊之处。本章所使用的影像大小为 1 909 px×1 612 px,而不是精心选择的小面积研究区,影像的大小本身就带有一定的普遍适应性,因此本章实验和大部分结果也可以扩展到我国南方许多地区。

　　一般来说,只有在对某一地类物进行进一步的细分或提取时,由于在某一时间段内这些细微的差别可能才会在遥感影像中体现出来,所以才需要特定时间段的遥感影像数据,比如本章实验对水田和旱地的划分,如果影像在冬季成像,则水田与旱地在遥感影像上很难分辨出来。因此,从时间来看,实验的普遍适应性受到一定的限制,只能推及成像时间相近的遥感实验。

　　综上所述,本章的实验能有效推广到成像时间是夏季、卫星影像的类型是高分辨率、研究区位于南方地区的遥感实验中,具有一定的普遍适应性,具有重要的研究价值。

3.6　本章小结

　　本章首次将模式识别领域的随机决策森林算法进行改进后用于多光谱影像的分类研究中。3.1 节介绍了多光谱遥感的背景,然后探讨了对多光谱影像数据的描述和常用的数学模型。3.2 节则对多光谱遥感的发展进行了简单的讨论。3.3 节针对研究区的特点确定了研究方法。3.4 节则以广东省龙门县 ALOS 遥感影像为例进行高分辨率影像监督分类,与其他经典的遥感分类方法(如非监督分类方法中的 ISODATA 法,监督分类方法中的最大似然法、最小距离法、平行六面体方法和 M 距离法)进行精度和运行效率方面的比较,实验结果表明:①经过改进的随机决策森林算法与原始的随机决策森林算法相比,无论是分类精度还是运行效率都有所提高。②在分类精度方面,改进的和原始的随机决策森林算法比最大似然法略高,远高出其他的经典分类方法;但在运行效率方面,各种经典分类方法都远比未经编译的随机决策森林算法高,可见算法的实现方式仍然有待提高。3.5 节则对本章的实验及其结果的普遍适用性进行了探讨。

第 4 章　高光谱遥感影像分类应用

4.1　高光谱遥感概述

高光谱遥感(高光谱分辨率遥感)是指使用波段宽度小于 10 nm,波段数目近似或超过 100 的传感器,通过非接触形式接收电磁辐射能的方法获取感兴趣区域精细光谱特征的方法;与高光谱遥感对应的是传统多光谱遥感,如 Lansat TM 影像和 SPOT 影像等,这些影像通常是波段宽度大于 100 nm 且波段在电磁波谱上并不连续。高光谱成像光谱仪获取的高光谱图像则包含了丰富的空间、辐射和光谱 3 个方面的信息。高光谱遥感数据最主要的特点是将传统的图像维与光谱维的信息融合为一个整体, 在获取地表空间分布图像的同时, 还能得到每个地物的连续光谱信息,从而实现根据地物光谱特征的地物成分组成反演地物的类别。高光谱数据是一个光谱图像的立方体,通常由以下三部分组成。

(1)空间图像维。在空间图像维中, 高光谱数据与一般的多光谱遥感影像相似,一般的遥感图像模式识别算法使用的是信息挖掘技术。

(2)光谱维。高光谱图像的每一个像元点在光谱维都可以获得一个“连续”的光谱曲线。采用基于标准光谱数据库的“光谱匹配”技术,可以达到识别地物类型的目的。同时,大多数地物都拥有明显的光谱波形特征,尤其是光谱吸收特征。这些特征与地物的化学成分有密切关系,因此对光谱吸收特征参数(如吸收波长位置、吸收深度、吸收宽度)的提取将成为高光谱数据信息挖掘的主要方面。

(3)特征空间维。高光谱图像数据是一个超维特征空间,为了达到挖掘高光谱信息的目的,就需要深入了解地物在高光谱数据形成的特征空间维中的分布特点。已有研究表明,高光谱的高维空间中是基本没有数据的,数据分布不均匀且主要集中在超维立方体空间的角端。通过数据的典型变换投影到一系列低维子空间中, 因此迫切需要有效的特征提取算法来发现保持重要变化特征的低维子空间,进而有效地实现信息挖掘。

由于高光谱影像传感器的特点,高光谱影像具有波段多、数据量大、光谱分辨率高、信息冗余增加、可同时提供空间域信息和光谱域信息["图谱合一"(见图 4-1)]等特点。

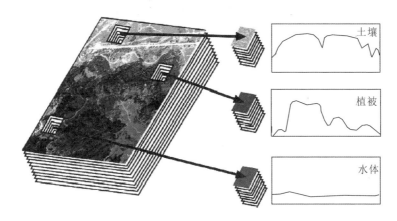

图 4-1　高光谱影像的"图谱合一"特点

　　高光谱影像具有两个最显著的特性：其一是高光谱影像具有相当高的谱分辨率，这使得它有能力解决许多仅靠光谱无法解决的问题，由于不同的地物目标在不同波段具有不同的反射光谱特性，而且人们感兴趣的目标，其特征光谱通常集中在一个较窄的波长范围内(几个波段)，因此可以利用高光谱影像较高的光谱分辨率来辨识不同的目标。其二是高光谱影像相邻波段具有很高的相关性。在这个方面，高光谱图像完全不同于多光谱图像，因为多光谱图像的空间相关性一般要强于谱间的相关性。就目前关于高光谱图像的处理研究技术而言，其中大多数方法主要是依靠这两种特性来进行分析处理的。

4.2　高光谱遥感研究现状

4.2.1　高光谱遥感应用现状

　　由于能够根据高光谱遥感影像提取海量的信息，高光谱遥感应用迅速成为研究的热点所在，许多民用和军用方面的应用，诸如全球环境监测、制图、地质、森林、农业和水质量管理等项目也不断开展。高光谱遥感影像较高的空间和光谱分辨率也给影像数据处理工作提出了新的挑战，因此众多研究者致力于寻找更有效率的新方法，这些新方法可以大致归结为两类：纯像元分析方法和混合像元分析方法。

4.2.1.1　纯像元分析方法

这些方法都是在假设影像所有的像元都是由同一种地物类型组成这个前提下的。基于纯像元的分析方法也可以分为两种:植被指数方法和统计学理论方法。

1. 植被指数方法

植被指数是根据目标对象的光谱特征来提取各种参数,包括光谱匹配识别和地物重构。由于高光谱遥感的波段非常窄,且在电磁波谱上连续,因此在光谱空间,地物光谱曲线能表达出比传统多光谱遥感更精细的特征,从而使得区分许多光谱差异较小的地物成为可能。所以许多专家学者仍然使用了"光谱匹配"方法,这种方法是依靠比较现场实测光谱与成像光谱仪获取的光谱以区分不同类别。为了提高效率和分析成像光谱仪中高光谱数据的速度,这些光谱点通常进行编码来提取光谱特征。Kruse 等在 1993 年提出的光谱匹配方法是分析高光谱数据过程中应用最广泛的方法之一。植被指数方法的主要问题是很难构造一种适用于大多数高光谱数据的植被指数。Zhang 等在 2006~2007 年研究了一种通用的模式分解方法来构建一种通用植被指数。

2. 统计学理论方法

统计学理论方法是高光谱数据处理领域非常重要的方法之一,尤其广泛用于目标检测和高光谱数据分类。在这些方法中,每一个波段都被看作是一个随机变量,接着使用概率统计方法提取影像的统计学特征。由于高光谱影像的波段众多,为了降低计算时间和复杂度,必须对影像首先进行降维处理。统计学理论方法最主要的应用是异常检测,高光谱数据被假定服从特定分布,而异常数据则并不服从这种分布。RX 算法及其扩展算法是异常检测最常用的方法。

4.2.1.2　混合像元分析方法

地球表面物体分布的复杂性和遥感影像空间分辨率的限制决定了混合像元的出现是无法避免的,因此其光谱特征也就成为组成像元的地物类型光谱特征的混合。按照传统的像元级分类方法,这些混合像元参与到分类过程中,势必会影响影像分类的精度,因此才出现了混合像元模型来解决上述问题。混合像元模型也可以分为两大类,即线性混合模型和非线性混合模型。线性混合模型是应用最广泛的,因为它非常简单,而且通常有清晰的物理意义。然而,采用线性混合模型时,影像分类的类别数目必须小于高光谱影像的波段数目,为了避免线性混合模型的局限性,提出了非线性混合模型,在模型中,混合像元被表示为端元的高阶矩和残差的和。

　　基于混合像元的分析方法一个最重要的应用是高光谱数据中子像元目标检测。近年来,子像元目标检测方法的研究方向主要集中于线性混合模型和能够捕捉到高光谱数据中目标光谱的滤波器研究。OSP(orthogonal subspace pursuit)方法、PP(projection pursuit)方法和CEM(constrained energy method)方法都是经典且常用的方法。随着遥感技术的发展,新的子像元目标检测算法也不断涌现,如基于核的方法和基于形态学方法。光谱差异同样会影响检测结果,为了解决这个问题,学者们提出了诸如子空间划分等新模型。

　　基于混合像元的分析方法另一个重要的应用是端元提取和混合像元解混。获取端元有两种途径,第一是从遥感影像中获取(影像端元),另一种途径则是通过已知地物的实验室光谱(实验室端元),Roberts等于1998年就对二者进行了比较。实验室光谱的缺陷在于几乎所有光谱的获取条件都与机载传感器的不同;影像端元的优势在于与影像的成像尺度相同,因此更易于影像特征提取。影像端元指的是能够反映某类型地物典型光谱信息的那些像元或者区域。换句话说,就是可以代表特定地物光谱响应的那些纯像元。但有时现有的算法都不能搜寻到符合条件的纯像元,在过去的十年里,出现一些优秀的自动/半自动的端元选择方法,包括手动端元选择工具(MEST)、像元纯度索引(PPI)、N-FINDR、顶点成分分析(VCA)、循环错误分析(IEA)、循环限制端元算法(ICE)和自动形态端元提取。

　　除广泛应用于混合像元解混的线性混合模型外,近几年出现了几种非线性混合模型,包括神经网络、回归决策树、核最小二乘分析。研究证明,非线性混合模型尤其是基于神经网络的模型在混合像元解混方面比传统的线性解混模型表现得更加优秀。多层认知模型(MLP)和ARTMAP是基于神经网络方法中应用最广泛的模型,1997年Atkinson等使用多层认知模型解混AVHRR影像,它比线性混合模型表现得更好。而ARTMAP混合模型的优点在于能够灵敏发现非线性的影响,从而获得更满意的解混效果,Liu等在2006年应用两种不同分辨率的影像进行融合后的影像使用ARTMAP模型对MODIS影像进行子像元分类。

4.3　分类方法

4.3.1　最优波段选择方法

　　高光谱分辨率的特点使得高光谱影像包含大量信息,这些信息十分有利于后期的地物识别和分类,但是波段数目的急剧增加同样导致了数据处理难度的增加和信息的冗余。高光谱影像由于波段数目较多且相邻波段空间和谱间相关性均比较高,如果直接对其进行常规的分类就会出现严重的 Hughes 现象。所谓 Hughes 现象,是指在高光谱分析过程中,随着参与运算波段数目的增加,分类精度"先增后降"的现象。这就需要先对高光谱影像进行特征选择或提取处理,以达到有效利用高光谱数据最大信息的目的,且又能快速地处理高光谱数据。最常用的特征选择方法是对高光谱影像进行降维,下面将对主要的几种波段选择方法进行简要介绍。

4.3.1.1　基于信息量的最佳波段选择方法

1. 联合熵(joint entropy, JE)

依据香农信息论原理,单波段影像灰度若有 i 个灰度级,那么每个像元就具有 i 个不同的信号,而 i 个信号发生的概率在影像的灰度直方图中体现出来,假设每个像元灰度的取值都是相互独立的,那么 16 bit 影像的信息量可以使用一阶熵 H 来表示:

$$H(i) = -\sum_{i=0}^{2^{16}-1} P_i(r)\log_2\left[P_i(r)\right] \tag{4-1}$$

式中:$H(i)$ 为第 i 波段的熵值,i 为波段数($i=1,2,3,\cdots,N$);r 为像元的辐射亮度值(或反射率);$P_i(r)$ 为第 i 波段影像辐射亮度值为 r 的概率。

同理,可以计算三波段影像 (i_1,i_2,i_3) 的联合熵:

$$H(i_1,i_2,i_3) = -\sum_{i_1,i_2,i_3=0}^{2^{16}-1} P(r_1,r_2,r_3)\log_2\left[P(r_1,r_2,r_3)\right] \tag{4-2}$$

式中:$H(i_1,i_2,i_3)$ 为三波段联合熵,i 为波段数($i=1,2,3,\cdots,N$);$P(r_1,r_2,r_3)$ 为联合概率分布。

信息熵算法的优点是比较简单,但其缺点也不少,如计算复杂度较高,对计算机性能要求也相对高,计算结果集中在相邻几个波段,不同波段组合方式计算出相同的联合熵等。一般情况下,熵或联合熵越大,遥感影像的信息量越高,分别计算影像所有波段组合的联合熵,最佳的波段组合就是遥感影像中联合熵值最大的若干波段。

2. 最优索引因子

最优索引因子方法是 Chavez, Berlin 和 Sowers 等在 1982 年提出的,该方法根据式(4-3)给出 n 个波段组合中最优的指数大小:

$$OIF = \frac{\sum\limits_{i=1}^{n} \sigma_i}{\sum\limits_{i=1}^{n} \sum\limits_{j=i+1}^{n} |R_{i,j}|} \qquad (4\text{-}3)$$

式中:σ_i 为第 i 个波段的标准差;$R_{i,j}$ 为第 i 个波段和第 j 个波段之间的相关系数。

与联合熵方法相同,根据式(4-3)的计算结果,选择 OIF 指数最大的波段组合作为最优波段组合。但这种方法所挑选的最佳波段组合不一定是最优的,而且对于高光谱图像繁多的波段数目,OIF 波段选择计算量过大。

3. 自动子空间划分

高光谱影像的一大特点是高光谱影像相邻波段具有很高的相关性,而且空间相关性比谱间相关性要弱很多。另外,高光谱影像数据的局部特性并不等同于全局统计特性,因此最佳波段组合的选择范围并不一定是全部的影像空间。

谷延锋等在 2003 年提出自动子空间划分方法,这种方法利用了影像空间内波段的相关系数矩阵灰度图成块的特点(见图 4-2)。

图 4-2　高光谱影像相关系数矩阵灰度图

自动子空间划分方法根据数据的局部特性,通过定义波段间的相关系数矩阵将高光谱影像空间自动划分为若干个子空间。

$$R_{i,j} = \sum_{k=1}^{n} (x_{ik} - \bar{x})(y_{ik} - \bar{y}) \Big/ \sqrt{\sum_{k=1}^{n} (x_{ik} - \bar{x})^2 \sum_{k=1}^{n} (y_{ik} - \bar{y})^2} \qquad (4\text{-}4)$$

式中:$R_{i,j}$ 为波段 x_i 与 y_i 间的相关系数;x_{ik} 和 y_{ik} 分别为该波段影像内的第 k 个像元;n 为一个波段图像内像元的总数目;$\bar{x}$ 和 $\bar{y}$ 分别为该波段 x_i 和 y_i 的均值。

根据式(4-4),可以很方便地计算出高光谱影像各波段之间的相关系数矩阵。

4.3.1.2　基于类间可分性的最佳波段选择方法

从影像分类的角度上看,波段选择的实质是分类过程中特征子集的选择,其目的是在保留全部信息或者只损失部分人们不感兴趣信息的前提下,大幅降低高光谱影像维度,并且选择出的波段应能容易区分感兴趣类型的地物。

一般来说,既可计算针对单波段,也可以计算对多光谱组合图像的类对间的可分性。但目前大多数基于类间可分性的计算方法大多针对单波段数据,应用比较广泛的模型有均值间的标准距离、离散度、Jeffries-Matusita 距离(简称为 J-M 距离)和 Bhattachryya 距离(简称为 B 距离)及类间平均可分性等。这些模型表示了地物类别间在某个波段上的可分性。

1. 均值间的标准距离

均值间的标准距离所使用的统计特征包括样本的均值与标准差,其公式如式(4-5)所示:

$$d = \frac{|\boldsymbol{u}_i - \boldsymbol{u}_j|}{|\boldsymbol{\sigma}_i + \boldsymbol{\sigma}_j|} \tag{4-5}$$

式中:$\boldsymbol{u}_i$、$\boldsymbol{u}_j$ 为两类别的均值矢量;σ_i、σ_j 为两类别的标准差。

式(4-5)体现了在某波段上任意两类地物的可分性。但是均值间的标准距离方法仍然有缺点,主要体现在如果两类地物的均值相等,那么无论这两种地物的标准差如何变化,它们间的标准距离都为 0,这种情况下,标准距离根本无法体现两类别的可分性。而且这种距离度量是在一维空间上的,不能用于多变量类间可分性的研究。

2. 离散度

类别 i 与类别 j 之间的离散度定义为:

$$D_{ij} = \frac{1}{2}\boldsymbol{t}_r[(\boldsymbol{\sigma}_i - \boldsymbol{\sigma}_j)(\boldsymbol{\sigma}_i^{-1} - \boldsymbol{\sigma}_j^{-1})] +$$

$$\frac{1}{2}\boldsymbol{t}_r[(\boldsymbol{\sigma}_i^{-1} - \boldsymbol{\sigma}_j^{-1})(\boldsymbol{u}_i - \boldsymbol{u}_j)(\boldsymbol{u}_i - \boldsymbol{u}_j)^{\mathrm{T}}] \tag{4-6}$$

式中:$\boldsymbol{u}_i$、$\boldsymbol{u}_j$ 分别为第 i 类和 j 类的亮度均值矢量;σ_i、σ_j 分别为第 i、j 类在任意三波段上的协方差矩阵;$\boldsymbol{t}_r$ 为矩阵 $\boldsymbol{A}$ 对角线元素之和;T 为转置符。

从式(4-6)可以看出,离散度公式是均值间的标准距离公式在多变量领域的扩展,公式中的变量只有协方差矩阵与均值矢量,因此能够很方便地计算出离散度最高的波段组合,也就选择出了高光谱影像的最优波段组合。

3. J-M 距离

$$JM_{ij} = \sqrt{2}\,[\,1 - \exp(-D_{ij})\,] \qquad (4-7)$$

$$D_{ij} = \frac{1}{8}(u_i - u_j)^{\mathrm{T}}\left(\frac{\boldsymbol{\sigma}_i + \boldsymbol{\sigma}_j}{2}\right)^{-1}(u_i - u_j) +$$

$$\frac{1}{2}\ln\frac{\frac{1}{2}(\boldsymbol{\sigma}_i + \boldsymbol{\sigma}_j)}{\sqrt{|\,\boldsymbol{\sigma}_i\,| \times |\,\boldsymbol{\sigma}_j\,|}} \qquad (4-8)$$

式中:i、j 为任意两个波段;$\boldsymbol{\sigma}_i$、$\boldsymbol{\sigma}_j$ 为波段 i、j 的协方差矩阵;u_i、u_j 为波段 i、j 的均值;T 为转置符。

当 J-M 距离取最大值时,两个波段间相关性最小;J-M 距离近似等于零时,则两波段相关性接近 1。高光谱图像由于高相关性的特点,J-M 距离在很多光谱上是相等的,因此高光谱图像的波段选择不适合使用 J-M 距离。

4. Bhattachryya 距离

B 距离十分类似于 J-M 距离,按照式(4-7),很容易计算高光谱影像的 B 距离最大的波段组合,B 距离的变量也与 J-M 距离相同,B 距离可表示为以下形式:

$$B_{ij} = \frac{1}{8}(u_i - u_j)^{\mathrm{T}}\left(\frac{\boldsymbol{\sigma}_i + \boldsymbol{\sigma}_j}{2}\right)^{-1}(u_i - u_j) +$$

$$\frac{1}{2}\ln\frac{\frac{1}{2}(\boldsymbol{\sigma}_i + \boldsymbol{\sigma}_j)}{\sqrt{|\,\boldsymbol{\sigma}_i\,| \times |\,\boldsymbol{\sigma}_j\,|}} \qquad (4-9)$$

5. 类间平均可分性

上面几种方法都是只针对两个类别而言的,也即它们都是类对间的可分性度量。对于多变量问题,计算类间平均可分性是比较常用的办法,即计算每个类别组合在所有波段上的统计距离,然后计算平均值,按照平均值的大小选择最优波段组合。

4.3.2 随机决策森林算法分类的优点

决策树算法属于"贪心"算法,每次节点分裂都追求最大的信息增益,而不关注其他的可能分裂,即决策树算法寻求局部最优,但是局部最优并不等同于全局最优,最后得到的分类精度同样未必最佳,而随机决策森林算法虽然也属于"贪心"算法的范畴,但是由于所有节点和阈值都是随机选取的,有效地缓解了"贪心"的程度,而且该算法同时生成多棵决策树,最终选择全局精度最高的决策树来对影像进行分类。当算法的决策树数目足够多时,可以近似认为该算法达到全局最优的目的,因此随机决策森林算法既保证了树结构的简洁,又达到全局最优的目的。

高光谱遥感数据光谱分辨率高(<10 nm)、波段数量大(达到数百个),与一般遥感数据相比,具有数据量更大的特点,因此分析起来面临更大的困难和挑战,而随机决策森林算法的决策树是随机生成的,影像的波段数目越多,测试属性的可选范围越大,则该算法的随机性越能得到保证,对其他分类器造成数据冗余的高光谱影像波段数目过多的问题反而会有助于提升随机决策森林算法的分类精度,因此随机决策森林算法在高光谱遥感分类领域具有重要的研究价值。

4.3.3　分类模型构建

本章采用改进的随机决策森林算法对高光谱影像进行分类,并与目前使用最广泛且较优秀的分类方法最大似然法(MLC)、神经网络(NN)和支持向量机(SVM)方法的分类结果进行比较,但是高光谱影像由于包含波段数目较多且相邻波段空间和谱间相关性比较高,如果直接对使用上述方法分类会出现严重的 Hughes 现象,因此采用最大似然法等方法分类时需要对高光谱影像进行降维处理,本次实验采用子空间划分和光谱距离方法进行降维处理,然后分别使用上述 3 种方法对其进行分类,得到六组分类结果。

综上所述,实验构建了以下 3 种分类模型。

分类模型 1:使用随机决策森林算法直接对高光谱影像进行分类,同样得出分类影像与精度评价表,并与其他方法的分类结果进行比较。

分类模型 2:根据训练样本的亮度值,得到分类类别间的光谱距离,绘出类别地物间的光谱距离曲线(见图 4-3),从而由光谱距离选定最优波段组合,然后分别使用上述分类方法进行分类和精度评价。

分类模型 3:计算高光谱影像波段间的相关系数[见式(4-4)],按照事先选定的阈值将所有波段按照相关性大小分为 4 个子区间,从而保证子空间内的波段相关度高而子空间之间的相关度较低,然后在子空间内计算自适应波段指数[见式(4-3)]选定 4 个表现最佳的波段,再分别计算 4 个波段的自适应波段指数选定最优波段组合,最后用最大似然法、神经网络和支持向量机分别对其进行分类并评价精度。

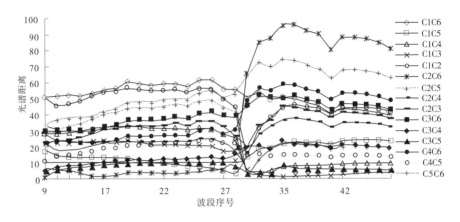

图 4-3　不同类别地物间光谱距离曲线

4.4　实验与分析

4.4.1　研究区概况

研究区位于甘肃省张掖市境内,$100°2'\sim100°8'E$、$38°4'\sim38°8'N$。实验数据为高光谱影像 Hyperion,波段数目为 242 个,去除噪声波段后余 198 个波段,空间分辨率为 30 m,影像大小为 361 px×262 px;用来验证的影像为 IRS-P6,空间分辨率为 24 m,影像大小为 511 px×352 px,如图 4-4 所示。

(a)Hyperion高光谱影像　　　　(b)IRS-P6假彩色合成影像

图 4-4　研究区影像图

4.4.2　分类体系和样本选择

遥感影像分类是一个复杂的过程,影响其结果的因素有很多,但训练样本的质量无疑在根源上决定了分类的精度。样本的选择原则上要充分考虑各种地物的光谱结构和纹理特征,由于缺少与影像对应区域地面的实际样本,为了保证选择样本的代表性,参考 1∶100 万土地利用数据库,使用遥感目视解译方法,选出各类有代表性的训练样本 1 574 个,为了增加精度评估的可靠性,选取测试样本 1 629 个,参照土地资源遥感调查中土地利用方式,针对本实验区的特点,确定样本类别分别为:C1,水体;C2,城市居民点;C3,林地;C4,冰川;C5,零星地物;C6,道路。

4.4.3　实验流程

根据分类模型,首先通过计算波段间相关系数将 Hyperion 影像 189 个波段分为 4 个子空间,每个子空间中选择最大自适应波段指数值的波段为 27、112、134、209,分别计算波段组合的波段指数(见表 4-1)后,选定波段组合为112、134、209。

表 4-1　子空间自适应波段指数

波段组合	波段指数
27、112、134	2.024 3
27、112、209	1.788 8
27、134、209	2.166
112、134、209	2.200 5

然后计算光谱距离,取各类别间光谱距离最大的前十波段,去重后得出类别间光谱距离曲线(见图 4-3),选定类别间光谱距离最大的最优波段组合 19、26、36。

随后使用随机决策森林算法对高光谱影像直接进行分类,由于树结构过于复杂,故以最容易分出的水体为例说明树结构使用的属性和阈值,如图 4-5所示,其中 B_{190} 代表影像第 190 波段亮度值,B_{138} 代表影像第 138 波段亮度值,B_{130} 代表影像第 130 波段亮度值,B_{76} 代表影像第 76 波段亮度值。图 4-5

使用的阈值为：$K_1 = 2.064\ 5$，$K_2 = 1.488\ 8$，$K_3 = 5.832\ 3$，$K_4 = 29.421$。

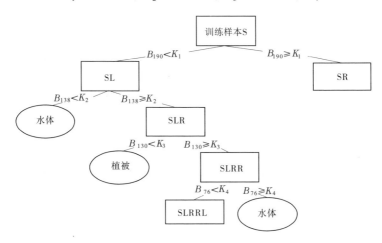

图 4-5　精度最高的决策树结构图（包括水体部分）

最后分别使用最大似然法、支持向量机和神经网络方法对上述两种波段组合进行分类，并与随机决策森林算法分类的结果相比较，得到分类精度（见表 4-2）、不同分类方法混淆矩阵表（见表 4-3），分类效果如图 4-6 所示。

表 4-2　不同方法分类精度

分类方法	总体精度/%	Kappa 系数
子空间最大似然法	91.04	0.891 5
光谱距离最大似然法	89.13	0.868 6
子空间神经网络	83.06	0.793 7
光谱距离神经网络	79.68	0.752 6
子空间支持向量机	90.49	0.884 6
光谱距离支持向量机	90.06	0.879 6
随机决策森林算法	91.41	0.896 1

表 4-3　不同分类方法混淆矩阵

类别	分类方法	冰川	植被	居民地	道路	零星地物	水体	小计
冰川	SD-MLC	343	0	0	0	0	0	343
	SD-NN	341	0	2	0	0	0	
	SD-SVM	343	0	0	0	0	0	
	SS-MLC	341	0	2	0	0	0	
	SS-NN	342	0	1	0	0	0	
	SS-SVM	341	0	2	0	0	0	
	ERC	340	0	3	0	0	0	
植被	SD-MLC	0	292	2	7	0	0	301
	SD-NN	0	278	9	0	3	11	
	SD-SVM	0	293	0	6	2	0	
	SS-MLC	0	294	0	7	0	0	
	SS-NN	0	297	1	3	0	0	
	SS-SVM	0	295	0	5	1	0	
	ERC	0	282	7	12	0	0	
居民地	SD-MLC	0	0	240	69	1	0	310
	SD-NN	0	0	300	0	9	1	
	SD-SVM	2	0	274	30	4	0	
	SS-MLC	6	0	280	24	0	0	
	SS-NN	8	0	300	1	0	1	
	SS-SVM	7	0	293	10	0	0	
	ERC	1	0	289	19	0	1	

续表 4-3

类别	分类方法	冰川	植被	居民地	道路	零星地物	水体	小计
道路	SD-MLC	0	16	14	245	1	0	246
	SD-NN	0	11	220	0	15	0	
	SD-SVM	0	14	46	185	1	0	
	SS-MLC	0	27	28	190	1	0	
	SS-NN	0	30	178	36	2	0	
	SS-SVM	0	23	66	155	2	0	
	ERC	0	21	14	206	5	0	
零星地物	SD-MLC	0	29	3	19	186	0	237
	SD-NN	0	24	13	0	200	0	
	SD-SVM	0	25	11	11	190	0	
	SS-MLC	0	17	0	16	204	0	
	SS-NN	0	25	10	4	198	0	
	SS-SVM	0	21	2	7	207	0	
	ERC	0	13	8	25	191	0	
水体	SD-MLC	0	5	9	1	1	176	192
	SD-NN	0	0	12	0	1	179	
	SD-SVM	0	0	8	1	1	182	
	SS-MLC	0	0	16	1	1	174	
	SS-NN	0	0	10	0	2	180	
	SS-SVM	0	0	7	1	1	183	
	ERC	0	0	5	2	1	181	

注:SD-MLC 代表光谱距离最大似然法;SD-NN 代表光谱距离神经网络;SD-SVM 代表光谱距离支持向量机;SS-MLC 代表子空间最大似然法;SS-NN 代表子空间神经网络;SS-SVM 代表子空间支持向量机;ERC 代表随机决策森林算法。

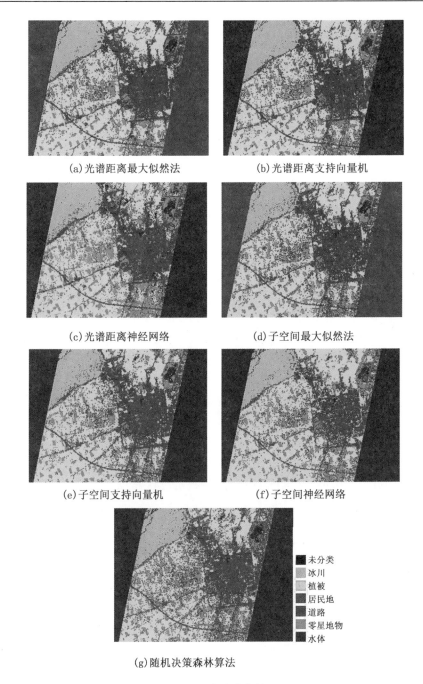

(a)光谱距离最大似然法　　　　　(b)光谱距离支持向量机

(c)光谱距离神经网络　　　　　　(d)子空间最大似然法

(e)子空间支持向量机　　　　　　(f)子空间神经网络

未分类
冰川
植被
居民地
道路
零星地物
水体

(g)随机决策森林算法

图 4-6　不同方法分类结果图

4.4.4 结果与分析

经过上述流程后,最终得到如表4-2、表4-3和图4-6的分类结果。

从表4-2、表4-3和图4-6可以看出:

(1)在所有分类方案中,本书新引入的随机决策森林算法表现最优。神经网络(NN)方法表现不佳,而支持向量机(SVM)方法则精度颇高,最大似然法(MLC)的精度比神经网络略高,可见在小样本条件下,神经网络方法表现欠佳,而基于概率统计的方法并不比新的分类方法逊色。

(2)从表4-2和表4-3可以得出,本次实验中子空间划分方法得到的结果比光谱距离方法略好,用于支持向量机(SVM)方法时二者分类精度相差不大,而在神经网络(NN)方法中,子空间划分方法比光谱距离方法的精度高了约4%。

(3)表4-3和图4-6的分类结果图都表明,对于水体,各种方法都能得到相当好的结果;从表4-3可以得出对于植被,子空间划分的精度比光谱距离得到的结果要好;而对于居民地,神经网络方法取得最优秀的结果,而最大似然法则精度有点偏低;在进行道路的分类过程中,光谱距离降维方法比子空间划分的精确度要高;神经网络方法则精度最低;零星地物的分类精度各种方法的表现相差不大,支持向量机方法精度最高。

(4)图4-6(d)、(e)、(f)、(g)都表明子空间划分方法降维后的分类将部分居民地地物误分为冰川,而光谱距离方法降维后的3种分类结果这种情况则明显较少。

(5)从实验结果可以得出,由于异物同谱现象的存在,目前使用的各种基于像元的分类方法都存在明显的错分现象,可见仅靠像元信息的分类方法已经不能满足需要。

4.5　普遍适应性研究

本章实验以甘肃省张掖市城区为研究区,使用Hyperion高光谱影像为数据源进行了高光谱遥感分类实验,并取得一定的成果,下文仍然按照数据源、空间和时间三方面来讨论本章研究的普遍适应性。

目前比较常见的高光谱影像种类并不多,主要为EO-1的Hyperion影像、PHI影像和OMIS影像。比较这3种影像,EO-1的Hyperion共计242个波段,其中可见光35个波段、近红外35个波段、短波红外172个波段;PHI成像光谱仪在可见到近红外光谱区具有 244 个波段,其光谱分辨率优于 5 nm;而 OMIS 则具有更宽泛的光谱范围,OMIS-1 具有 128 波段,其中可见—近红外光谱区 32 个波段,短波红外区 48 个波段,中波红外区 8 个波段,热红外区 6~8 个波段。可以说,这些高光谱影像都覆盖了从可见光到红外的广阔的光谱范围,因此使用上述高光谱影像,除由于成像条件与分辨率的不同在亮度上可能会有所不同外,土地覆被/利用类型不会有很大的差异。

　　实验区位于甘肃省张掖市,张掖市南枕祁连山,北依合黎山与龙首山,黑河贯穿全境,境内的地物类型主要包括雪山、草原、河流、平原与森林,不但拥有北方地区的风貌,而且也具有南方地区的特点。虽然实验的影像由于数据来源的原因面积较小,但是影像范围内的地物类型同样比较丰富,因此该实验区具有一定的地域代表性。

　　实验所用 Hyperion 影像的成像日期为 2011 年 9 月 10 日,由于实验区地物类型是土地覆被/利用体系的基本类型,6 种地物类型的区分并不太依赖于成像时间,因此本章实验的时间具有一定的普适性。

　　综上,本章的实验在数据源、空间与时间方面都具有一定的普遍适应性,具有重要的研究价值。

4.6　本章小结

　　本章 4.1 节给出了浦瑞良、宫鹏对高光谱遥感的定义,并分析高光谱遥感影像的组成和特点。4.2 节则讨论了国内外高光谱遥感的发展过程和高光谱遥感的应用现状。4.3 节针对目前高光谱遥感图像分类方法的缺陷,在分析现有降维与分类方法基础上,首次使用改进的随机决策森林算法,构建实验分类模型。4.4 节以甘肃省张掖市 Hyperion 高光谱影像为例,进行高光谱影像分类实验,并与目前广泛使用的降维方法和分类方法比较,得到以下结论:实验结果表明支持向量机(SVM)方法和神经网络(NN)方法及最大似然法(MLC)各有优劣,但都必须对影像先进行降维处理,从而降低了分类效率,但是基于改进的随机决策森林算法构建的分类器则结构简单、训练容易、具有很高的分类精度,无论与神经网络方法,还是支持向量机方法相比都具有一定的优势,是一种有效的遥感图像分类方法。4.5 节研究了实验的普遍适应性,并试着探讨了本章实验的普遍适应性的大致范围。

第 5 章　面向对象遥感影像分类应用

　　随着遥感技术的发展,影像的空间、光谱和时间分辨率也在不断的提高,面对新兴的高分辨率影像,传统的影像分类方法显得有些力不从心,因此人们提出了面向对象影像分类方法。

　　21 世纪,遥感技术发展的一个重要趋势是高空间分辨率遥感技术,它通常指那些空间分辨率高于 5 m 的遥感影像。20 世纪 90 年代,商业和民用领域逐渐开始大量使用高分辨率遥感技术。表 5-1 为几种较常见的商用高分辨率卫星传感器的参数。

表 5-1　已发射的商用高分辨率卫星传感器的参数

卫星	发射时间	传感器	分辨率/ (全色/多光谱)	扫描宽度/ km
IKONOS Ⅱ	1999-09-24	全色/多光谱	1 m/4 m	11
QuickBird Ⅱ	2001-10-28	全色/多光谱	0.61 m/2.44 m	16.5
Orb View 4	2001-09	全色/多光谱	1 m/4 m	8
SPOT 5	2002-05-04	全色/多光谱	2.5 m/10 m	60
ALOS	2006-01-24	全色/多光谱	2.5 m/10 m	70

　　遥感影像分类应用的主要方法一直是传统的像元级分类方法,但是随着影像分辨率的不断增高,如从表 5-1 可以看出,几种高分辨率遥感影像全色波段的空间分辨率都达到了 5 m 以上,像元级分类方法渐渐不太适合高分辨率遥感的分类应用,主要表现在以下方面:

　　(1)传统的像元级遥感影像分类方法不能完全使用高分辨率遥感影像中的大量信息,造成数据资源的浪费。

　　(2)由于"同物异谱"与"同谱异物"现象的存在,像元级分类方法的误分率就会比较高,从而降低分类精度,因此高光谱影像分类还需要其他的辅助信息。

　　(3)分类精度不够理想,针对高分辨率遥感影像,传统的基于像元的遥感影像信息提取方法分类精度一般只在 80% 左右,很难达到高分辨率遥感影像信息提取需要的精度。

(4)传统的像元级遥感分类方法的研究尺度是唯一的,但是随着遥感影像空间分辨率的提高,人们已经可以在不同尺度上研究地物,因此只能在同一尺度遥感影像中提取信息的传统像元级遥感分类方法是不符合研究需要的。

(5)对于高分辨率影像,由于传感器分辨率的提高,像元的面积也越来越小,传统的像元级遥感分类方法对其进行分类时将会出现“胡椒盐”现象,严重影响分类精度和分类图的美观。

5.1　面向对象分类技术

5.1.1　研究意义

从前文的论述可以看出,传统的像元级遥感分类方法已经不适应空间分辨率逐步提高的高分辨率影像。1976 年,出现了面向对象的影像分类方法的雏形,Kettig 和 Landgrebe 首次定义同质对象,并提出一种名为 ECHO 的分割算法。Baatz 和 Schape 于 1999 年发明了面向对象遥感影像分类方法。其基本原理是合并相邻像元,组成同质对象,然后以这些对象作为分类和处理的最小单元,使用某种分类方法对其进行分类。

由于面向对象影像分类方法进行分类的最小单位是同质对象,因此面向对象影像分类方法不仅仅使用了像元的光谱信息,同样利用了对象的形状、分布、拓扑关系及语义信息等,从而进一步提高分类的精度,降低计算复杂度。

面向对象遥感影像分析方法拥有以下几种优势:

(1)面向对象遥感影像分析方法可以描述语义信息,影像的语义信息是通过描述影像中同质对象的属性来表达的。与传统的像元级遥感分类方法相比,处理单位的层次已经从像元级上升到对象级(介于特征级和目标级之间),已经属于对影像的高层次理解。

(2)可以更有效地解决分类中的噪声问题。

(3)遥感与地理信息系统的结合一直是遥感发展的一个重要方向之一,面向对象分类方法的出现使二者的结合出现了曙光。由于同质对象的出现,就有可能将地理信息系统中的属性赋予遥感分类中的对象,因此地理信息系统的许多高级功能可以在遥感中使用,改善分类结果。

(4)面向对象分类方法可以处理不同尺度的遥感影像。提取每种地物都有与之最合适的研究尺度或空间分辨率,而不仅仅片面地追求高空间分辨率。

5.1.2　研究进展

5.1.2.1　面向对象算法的发展

面向对象的分类是一种替代传统的像元级分类的优秀方法。这种方法可以有效降低同质区域内光谱差异。它的基本思想是将空间相邻的像元聚合为光谱上同质的图斑,接着以这些图斑为最小处理单元进行分类。Jimenez 等在 2005 年提出了名为 UnECHO 的非监督分类版本的 ECHO 算法,这种算法是局部相邻像元同质性的非监督分类方面的增强,引入了多光谱/高光谱数据基于上下文的分类器,使得分类结果更符合人们的认知习惯,然后用 HYDICE 和 AVIRIS 数据进行实验,结果证明 UnECHO 分类器可以有效处理新一代的机载/星载传感器的高分辨率影像数据。

近年来,集成在 eCogniton 商业软件的分形网络演化方法(fractal net evolution approach)广泛应用在面向对象分析与实验中,这种方法使用模糊集理论提取感兴趣对象,从一个像元开始采用自下而上的合并方法对影像进行分割,这个过程不断循环,像元不断合成更大的对象,判断对象是否合并是通过式(5-1)进行的:

$$H = \sum_{b=1}^{B} W^{b} \left[N_{\text{Merge}} \sigma_{\text{Merge}} - \left(N_{\text{Obj1}} \sigma_{\text{Obj1}} + N_{\text{Obj2}} \sigma_{\text{Obj2}} \right) \right] \tag{5-1}$$

式中:W^{b} 为波段 b 的权重;N_{Merge}、N_{Obj1}、N_{Obj2} 分别为合并后对象、对象 1 和对象 2 的像元数目;σ_{Merge}、σ_{Obj1}、σ_{Obj2} 分别为各自的标准差。

当检验一对对象是否合并时,需要计算两个对象的融合异质性 H,并与预先设定的阈值参数 T 比较,当 $H<T$ 时,两个对象合并。

数学形态的分水岭变换算法已经被证明是有效的影像分割工具,Li 和 Xiao 于 2007 年提出一种用于影像分割的分水岭算法的扩展算法,这种算法使用基于矢量形态的新方法计算梯度级,然后应用到分水岭变换中进行影像分割,并用实验证明这种算法有助于改善高分辨率多光谱影像的分割和面向对象分类精度。

5.1.2.2　面向对象分析算法的改进

随着面向对象分类方法的发展,出现了一些现有面向对象分类的优化算法。如 Wang 等于 2004 年提出一种像元分类器和面向对象分类器集成的算法,分别通过最大似然法和最邻近法得到像元级和对象级的分类图。Bruzzone 和 Carlin 在 2006 年提出了高空间分辨率影像的多尺度处理方法,这种方法的核心思想是同时对每个像元的空间邻近信息进行多个尺度的表述作为特征提取的模型,通过对城市和乡村的 QuickBird 影像进行实验证明该方法是有效的。Gamba 等在 2007 年使用新提出的高分辨率影像分类的边界优化方法,分别对边界和非边界的像元进行分类。

5.1.2.3　面向对象分析算法的应用

近年来,各种面向对象分类算法层出不穷,因此应用各种面向对象分类算法进行应用方面的研究也越来越多,如 Benz 等在 2004 年以第一个面向对象分类方法的商业软件 eCognition 为例详细解释了基于知识的影像解译,面向对象分析的主要理论、模糊集分类理论、面向对象方法如何与模糊集分类相结合和 eCognition 将遥感数据与 GIS 数据融合的工作流程。Yu 等在 2006 年从面向对象分析方法中提取多种特征,在加利福尼亚州北部的雷耶斯国家海岸线得出综合性的植被列表。在研究中,每个对象需要计算包括光谱特征、纹理特征、地形特征和几何特征在内的 52 种特征值。Wang 等在 2007 年也对加勒比海岸巴拿马境内实验区使用面向对象分类方法进行红树林的制图工作。Waske 和 Vander Linden 在 2008 年开发出新的联合分类方法,该方法采用多重分割尺度方法结合合成孔径雷达影像和可见光遥感影像,实验结果表明该方法具有重要的研究价值。

5.2　图像分割

面向对象遥感影像分类方法是最近几年的研究热点,这种方法与其他分类方法的不同之处在于它首先对遥感影像进行图像分割,在这个过程中加入遥感影像的形状、大小、纹理和拓扑结构的辅助信息以期达到改善分类结果的目的。因此,遥感影像分割的结果已经直接关系到后续工作的进行,也是决定遥感影像分析与理解结果的关键因素之一。

所以,对遥感影像分割方法的研究是面向对象的遥感影像分类研究的关键步骤,具有非常重要的研究意义,对于面向对象遥感影像分类结果起着至关重要的作用。

图像工程是一门新的以整个图像领域为研究对象的学科,它可以分为图像理解、图像分析、图像处理 3 个层次(见图 5-1)。

从图 5-1 可以看出,图像分割是图像分析的第一步,也是图像分析和图像理解的基础。图像分割的原理是整幅图像根据某种规则划分为若干不相交区域的集合,也就是将具有相同某种属性的若干相邻像元合并成为一个个互不

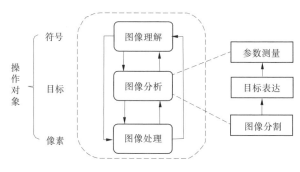

图 5-1　图像分割的地位

相交的区域。

5.2.1　图像分割的定义

图像分割被定义为使用某种规则把图像分割为若干个同质且互不相交的区域的方法。为了达到图像分割的目的,划分出这些同质区域,图像分割需要使区域内部属性相同而相邻区域之间的属性是不同的,图像分割的算法一般可以表述如下:

整个图像区域(像元集)由集合 $\boldsymbol{R}$ 表示,如果满足以下 5 个条件,就可以认为 $\boldsymbol{R}$ 已经被分割为若干非空有序子集 $\boldsymbol{R}_1,\boldsymbol{R}_2,\cdots,\boldsymbol{R}_n$:

(1)所有分割区域合并起来应该是整幅影像,也就是说每一个像元都有一个所归属的分割区域,即 $\cup_{i=1}^{n}\boldsymbol{R}_n=\boldsymbol{R}$。

(2)所有分割区域应该互不相交,也就是说每一个像元只有一个所归属的分割区域,即对于所有的 i 和 $j,i\neq j$,有 $\boldsymbol{R}_i\cap\boldsymbol{R}_j=\boldsymbol{\phi}$。

(3)分割区域内部具有一种或多种相同的属性,相当于某个分割区域的两个不同的像元,它们的某种属性值是相等的,即 $P(\boldsymbol{R}_i)=\text{TRUE},i=1,2,\cdots,n$。

(4)相邻的分割区域没有任何相同属性,即 $P(\boldsymbol{R}_i\cup\boldsymbol{R}_j)=\text{FALSE},i\neq j$。

(5)分割结果中同一子区域内的像元应该是连通的,即 $\boldsymbol{R}_i(\ i=1,2,\cdots,n)$ 是连通的区域。

5.2.2　遥感图像分割技术研究

遥感影像分割算法发展到今天,涌现了许多比较优秀的算法,分水岭变换算法一直是其中的翘楚。最早在图像处理领域使用分水岭算法的是 Meyer 和 Beucher。由于良好的分割结果和高效的分割速度,近年来有关分水岭变换方法及其衍生算法的研究也日益增多。图 5-2 为分水岭变换的原理图。

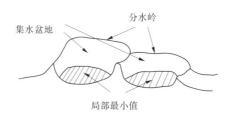

图 5-2　分水岭变换的原理图

分水岭变换最早用于数字高程模型的设计,它有两种类型:一种是自上而下寻找像元灰度到影像最低灰度的局部最小下游路径;另一种是自下而上寻找从最低像元灰度开始的集水盆地。这两种方法各有一种代表性的分水岭变换方法:沉浸分水岭算法和降水分水岭算法,下面将对这两种方法做简要的介绍。

5.2.2.1　沉浸分水岭变换

1991 年,Vincent 和 Sille 提出了一种分水岭算法的高效算法——沉浸分水岭变换。该算法有两个重要步骤:①对图像像元按照像元灰度值进行排序;②从像元最小灰度值逐步开始模拟漫水的过程。具体步骤如下:

(1)对像元进行排序,用不同的数组储存具不同灰度值的像元位置,从而使所有相同灰度值的像元都存到一个数组中,然后在内存中创建指针表,用来指向像元位置所在的数组,最后用一个与影像尺寸一样的矩阵存储影像分割的结果。

(2)从影像最低灰度开始逐渐"升高水位",直到影像像元所能达到的最大灰度。

(3)在影像分割已经到达 K 级的情况下,所有灰度值不大于 K 的像元都有且只有一个集水盆地号,从数组中寻找灰度值为 $k+1$ 的所有像元,并挑选相邻像元中至少一个拥有集水盆地号的像元加入新的数组中。

(4)分别对数组中的像元分析其邻近的四个像元,若四个像元中两个或两个以上拥有集水盆地号,那么这个像元是分水岭;如果只有一个拥有集水盆地号,这个像元就是新的集水盆地,然后从数组中删除该像元。

(5)重复步骤(4)直到数组为空。

(6)以 $K+1$ 级灰度为基础开始新的影像分割过程。

5.2.2.2　降水分水岭变换

沉浸分水岭算法虽然无须迭代过程,但是仍然需要像元排序操作,因此在实际应用过程中,算法的运算效率不是太理想。Smet 于 2000 年提出了降水分水岭算法,其基本原理如图 5-3 所示。

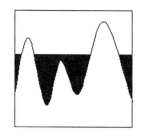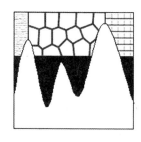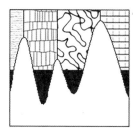

(a)溺水线　　　　　(b)整个降水过程　　　(c)不同溺水线的图像分割结果

图 5-3　降水分水岭变换原理图

降水分水岭变换的实质是自上而下寻找像元灰度到影像最低灰度的局部最小下游路径,如果这些像元的下游路径终止于同一个高程极小点,那么这些像元的集合就可以定义为集水盆地。降水分水岭变换的过程如下:

(1)寻找每个像元的下游像元,即对一个任意像元 a 的灰度值 x,查询灰度值比其小于 x 的邻域像元,并存储在数组内。

(2)比较数组中像元的灰度值,分析任意像元 a 邻近四个像元的灰度值是否都比像元 a 大,如果像元 a 的灰度值局部最小,则将新的标号赋予像元 a 和与 a 联通的其他灰度值局部最小的像元。

(3)对数组中不是局部最小灰度值的像元 b,那么必然存在比像元 b 灰度值更小的下游像元,若这个下游像元已经是局部最小像元,那么把下游像元的标号赋予像元 b,如果不是就继续寻找,直到已被标号的下游像元被找到,然后把局部最小像元标号赋予像元 b。

经过降水分水岭变换的处理之后,图像已经被分割为标号从影像最小灰度值开始到最大灰度值结束的若干区域,这样分水岭变化就达到了影像分割的初衷。

比较上述两种分水岭算法,我们可以发现沉浸分水岭变换算法很容易扩展到更高维的遥感影像中去,但沉浸分水岭变换算法的分割结果经常会出现仅包含一个像元的分水线,这就增大了影像后续的分析与理解的难度;而降水分水岭变换算法没有大量的循环操作,运算速度比沉浸分水岭变换算法更快,而且分水线很少出现在降水分水岭变换算法的遥感影像分类结果中。

5.3　实验与分析

5.3.1　实验区与数据概况

本次实验的研究区位于美国科罗拉多州中部偏北的博尔德市,位于州府丹佛西北,是圆石县县治。面积 65.7 km²,是该州第十一大城市。经纬度范围为 105°17′~105°18′W,40°0′~40°1′N。

实验数据为高分辨率卫星 ALOS 多光谱和全色影像,其中多光谱影像用来训练,大小为 815 px ×828 px,空间分辨率为 10 m;全色影像用来验证分类结果,影像大小为 3 260 px ×3 312 px,空间分辨率为 2.5 m,如图 5-4 所示。

(a)实验区ALOS卫星多光谱影像(训练用影像)

图 5-4　实验区影像

(b)实验区ALOS卫星全色波段影像(验证用影像)

续图 5-4

5.3.2　样本选取

对于给定的影像不同地物的光谱差异,如何选取最具代表性的样本仍然是遥感信息处理和应用的重要任务。目前,样本选择的算法大多都是基于数据挖掘算法,本次实验的样本选择即是根据层次分裂合并图像分割算法将影像聚类后共选择训练样本 3 204 个和验证样本 1 456 个(见表 5-2);同时,由于影像中地物类别相对较简单,实验采用遥感目视解译的方法,参照土地资源遥感调查中土地利用方式,确定样本类别分别为:C1,植被;C2,林地;C3,道路;C4,居民地;C5,裸地。

表 5-2　实验区各类别样本数目

类别	训练样本数	验证样本数
植被	630	255
林地	608	278
道路	645	349
居民地	620	237
裸地	701	337
小计	3 204	1 456

5.3.3　实验流程

本次实验的目的是对比改进的随机决策森林算法与面向对象分类方法在训练样本确定的条件下对同一幅影像进行分类的情况,因此设计分类模型(见图 5-5)如下:

(1)在 eCognition 软件环境下,参照土地资源遥感调查中土地利用方式,根据实验区影像的特征,确定实验区的类别,建立知识库。

(2)选定影像分割的算法和阈值,对影像进行分割,形成多边形。

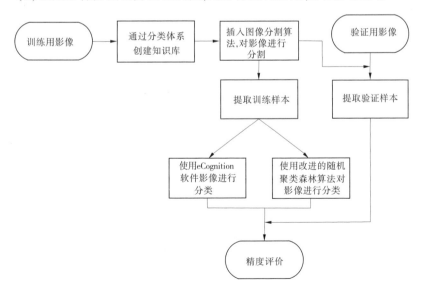

图 5-5　实验流程

（3）在这些均质的多边形中选取训练多边形和验证多边形,并将其导出。

（4）在 eCognition 软件环境下,根据训练样本对影像进行第一次分类,并进行精度评价(见表 5-3)。如果分类结果不满意,可以在分类图的基础上接着选择训练样本,进行后续的分类,但是本次实验只是为了对比相同训练样本条件下二者的分类结果,因此后续的分类过程没有继续进行。

表 5-3　eCognition 第一次分类混淆矩阵

类别	植被	林地	道路	居民地	裸地	小计
植被	249	0	0	0	95	344
林地	6	278	0	0	0	284
道路	0	0	268	57	0	325
居民地	0	0	81	180	0	261
裸地	0	0	0	0	242	242
小计	255	278	349	237	337	1 456

总体精度 = 83.59%, Kappa 系数 = 0.794 9

（5）使用导出的训练样本根据改进的随机决策森林算法训练决策树,精度较高的决策树的部分结构如图 5-6 所示,其中 B_1 代表红光波段亮度值,B_2 代表

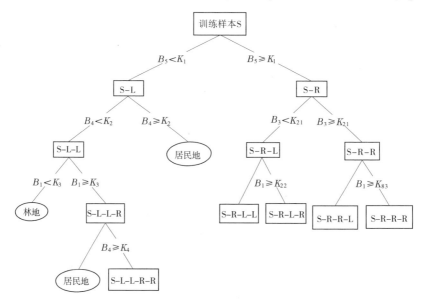

图 5-6　实验所用的决策树结构图(部分)

绿光波段亮度值,B_3 代表蓝光波段亮度值,B_4 代表近红外波段亮度值,B_5 代表 NDVI 值,L、R 分别指左、右数据集。图中使用的阈值为:$K_1 = 0.096\ 36$,$K_2 = 474.989$,$K_3 = 235.915$,$K_4 = 365.648\ 9$,…,$K_{21} = 242.966\ 7$,$K_{22} = 211.134\ 1$,…,$K_{83} = 706.793……$

（6）根据实验的验证样本,对所生成的决策树进行精度评价,得出混淆矩阵表（见表 5-4）。

表 5-4　ERC-Forests 混淆矩阵

类别	植被	林地	道路	居民地	裸地	小计
植被	249	0	0	0	4	253
林地	6	277	0	0	0	283
道路	0	0	256	50	3	309
居民地	0	1	93	187	0	281
裸地	0	0	0	0	330	330
小计	255	278	349	237	337	1 456

总体精度＝89.22%,Kappa 系数＝0.864 8

（7）通过 eCognition 软件和改进的随机决策森林算法所训练的决策树对影像进行分类,得到分类效果图,如图 5-7 所示。

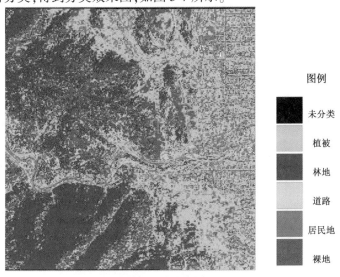

（a）eCognition软件第一次分类图

图 5-7　分类效果图

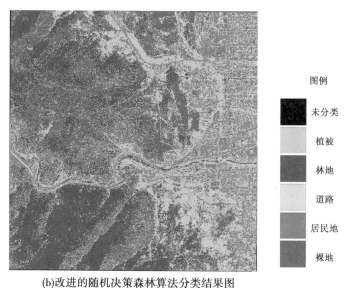

图例

未分类

植被

林地

道路

居民地

裸地

(b)改进的随机决策森林算法分类结果图

续图 5-7

5.3.4 结果与分析

对实验所得的精度评价(见表 5-3 和表 5-4)和分类效果图(见图 5-7)进行分析,可以得出以下结论:

(1)根据表 5-3 和表 5-4 混淆矩阵表的总体分类精度和 Kappa 系数可以得出,在给定训练样本的条件下,改进的随机决策森林算法比 eCognition 软件的分类结果要高,但是 eCognition 软件可以根据分类结果通过不断调整训练样本的方法逐步提高分类精度。

(2)对两种方法各类别的混淆矩阵(见表 5-3 和表 5-4)进行分析后可以发现:植被和林地容易发生混淆,而居民地和道路也因为光谱相近出现了较多的误分,这是两种方法的总体精度不高的主要原因所在。

(3)在植被和林地的分类方面,两种方法表现不相上下,在居民地和道路的区分比较中,两种方法的差异也不大,从表 5-3、表 5-4 和图 5-7 都可以看出二者的差异在于 eCognition 软件将部分裸地错分为植被,从而降低了分类精度。

5.4　普遍适应性研究

本章实验使用美国科罗拉多州中部的博尔德市的 ALOS 高分辨率影像，采用改进的随机决策森林算法与面向对象分类的软件商业 eCognition 进行遥感实验，下文将对其普遍适用性进行分析。

由于数据来源的问题，本章仍然使用 ALOS 影像，正如本书 3.5 节的分析，通过 ALOS 影像得到的结论完全可以延伸到其他诸如 SPOT 5、IKONOS 等高分辨率卫星影像。

实验的研究区是美国的博尔德市，其由于所属经度差异过大，因此就空间位置而言，实验所得到的结论并不能推及到我国的大部分地区，仅仅在西半球具有类似地理环境的研究区中才有参考价值。

实验所用遥感影像的成像日期为 2011 年 5 月 15 日，不考虑遥感卫星传感器波段设置的情况下，实验结果也仅能对成像时间差异不超过 1 个月的遥感实验起到辅助作用。

综上所述，本章实验的普遍适应性范围为满足时间在 4~6 月、研究区与本章实验的研究区具有相近经纬度、使用高分辨率卫星影像进行的遥感分类实验。

5.5　本章小结

本章的开始部分讨论了传统的基于像元的传统分类方法的不足之处，5.1 节着重探讨面向对象信息提取技术的概念、原理和优势所在，然后讨论面向对象遥感影像信息提取技术的研究进展和发展现状。5.2 节简要介绍面向对象分类技术中的重要组成部分——图像分割方法，这也是它和其他分类方法的最大区别之处，其中包括图像分割的定义和常用的图像分割算法及其各自的优缺点，然后研究了图像分割方法的各种关键技术，如噪声去除的多种方法和初始分割算法，并在最后的部分讨论了遥感图像分割结果的评价体系和各自的优缺点。5.3 节以美国科罗拉多州中部的博尔德市为实验区，分别使用基于面向对象分类方法的商业软件 eCognition 和改进的随机决策森林算法对研究区影像进行分类实验，得出结论为：在两种方法所使用的训练样本相同的情况下，改进的随机决策森林算法所得的分类精度比 eCognition 软件第一次分类精度要高，但是 eCognition 软件优势则在于可以通过不断增加训练样本的数目提高影像分类精度。5.4 节研究了实验的普遍适应性，并试着探讨了本章实验的普遍适应性的大致范围。

第6章　结论与展望

6.1　主要研究结论

本书研究了改进的随机决策森林算法遥感分类技术,主要包括对随机决策森林算法的改进及其在多光谱遥感、高光谱遥感和面向对象遥感方面的应用研究,主要研究结论如下:

(1)针对遥感分类算法的构建,对机器学习领域的随机决策森林算法进行了改进,包括:为避免决策树结构中各子树分布极不平衡的情况出现,添加树平衡系数;为提高运算效率,对叶节点的节点不纯粹度予以调整;为防止变量类型限制造成分类精度的损失,在决策树层数设置方面进行优化;为降低运算复杂度,结合随机决策森林算法自身的特点,采用决策树前剪枝技术等多项改进。

(2)对随机决策森林算法和改进后的随机决策森林算法,采用多光谱影像进行对比实验,结果表明不论在总体分类精度还是在运算效率方面,改进后的随机决策森林算法都比原始的算法有了明显的改善。

(3)将改进的随机决策森林算法与6种经典遥感分类方法进行比较,结果显示:改进的随机决策森林算法的分类精度略高于最大似然法,但远高于其他5种经典分类方法。

(4)将改进的随机决策森林算法应用于高光谱遥感影像分类,对比常用的最大似然法、支持向量机方法及神经网络方法,我们看到:支持向量机、神经网络方法及最大似然法各有优劣,但都必须对影像先进行降维处理,而改进的随机决策森林算法构建的分类器则显现出结构简单、训练容易、具有更高分类精度的优势。

(5)将改进的随机决策森林算法应用于高空间分辨率遥感影像分类,在利用 eCognition 商业软件完成影像分割后,针对导出的分割对象,用改进的随机决策森林算法与 eCognition 所提供的多种分类算法进行比较,实验结果表明:在训练样本相同的情况下,改进的随机决策森林算法能有效提高分类精度。

6.2　研究创新点

(1)将机器学习领域随机决策森林算法引入遥感影像信息提取领域中,并对其进行了改进,从而保证算法的分类精度和运行效率。

(2)首次将改进的随机决策森林算法应用到多光谱遥感影像分类方面中去,通过实验验证了经过改进的随机决策森林算法的分类精度和运行效率都比原始的算法要高,而且这两者都比多光谱遥感影像分类经典方法的精度要高。

(3)提出直接进行高光谱影像分类的新方法,而不再需要遥感影像降维处理,第一次将改进的随机决策森林算法应用到高光谱影像分类领域中。

(4)尝试结合改进的随机决策森林算法和 eCognition 商业软件两种方法,利用 eCognition 软件的专家知识系统对影像进行分割后,将结果导出使用改进的随机决策森林算法对其进行分类,与使用 eCognition 软件进行全部分类流程的结果进行比较,在训练样本数目相同的情况下,改进的随机决策森林算法能有效提高分类精度。

6.3　研究展望

(1)本书中所使用的遥感影像分类体系仅仅是土地覆被/土地利用分类中的第一级分类,由于缺乏实验区的辅助数据支持,并没有对某一类别进行细致地划分,在下一步的研究过程中打算完善这个方面。

(2)由于时间所限,本书所使用的改进的随机决策森林算法还没有添加更加准确高效的图像分割算法,而是采用了与 eCognition 软件结合,导出中间结果的方法,进一步的研究方向在于研究更合适的图像分割算法并且与改进的随机决策森林算法进行结合,相信能进一步提高面向对象分类方法的分类精度和效率。

参考文献

［1］李小文,刘素红,等. 遥感原理与应用［M］.北京：科学出版社，2008.

［2］梁顺林,范闻捷,等. 定量遥感［M］.北京：科学出版社，2008.

［3］浦瑞良,宫鹏. 高光谱遥感及其应用［M］. 北京：高等教育出版社，2003.

［4］赵英时,等. 遥感应用分析原理与方法［M］. 北京：科学出版社，2003.

［5］熊巨华,吴浩,高阳,等.遥感科学十年:自然科学基金项目申请资助、研究成果与发展挑战［J］.遥感学报,2023,27(4):821-830.

［6］童莹萍,冯伟,宋怡佳,等.面向不平衡高光谱遥感分类的 SMOTE 和旋转森林动态集成算法［J］.遥感学报,2022,26(11):2369-2381.

［7］Fan Xiangsuo,Yan Chuan,Fan Jinlong,et al. Improved U-Net Remote Sensing Classification Algorithm Fusing Attention and Multiscale Features［J］. Remote Sensing,2022,14(15):3591.

［8］Zhou Xinxing,Li Yang yang,LuoYuankai,et al. Research on remote sensing classification of fruit trees based on Sentinel－2 multi-temporal imageries［J］. Scientific reports,2022,12(1):11549.

［9］蒯宇,王彪,吴艳兰,等.基于多尺度特征感知网络的城市植被无人机遥感分类［J］.地球信息科学学报,2022,24(5):962-980.

［10］刘贾贾,刘志辉,李凤.基于遥感影像的城镇建筑物群分类［J］.自然灾害学报,2021,30(6):61-66.

［11］张根,丁小辉,杨骥,等.基于多尺度自适应胶囊网络的高光谱遥感分类［J］.激光与光电子学进展,2022,59(24):263-272.

［12］Guo Xianpeng,Hou Biao,Yang Chen,et al. Visual explanations with detailed spatial information for remote sensing image classification via channel saliency［J］. International Journal of Applied Earth Observation and Geoinformation,2023(118):103244.

［13］Shikawa Shin-nosuke,Todo Masato,Taki Masato,et al. Example-based explainable AI and its application for remote sensing image classification［J］. International Journal of Applied Earth Observation and Geoinformation,2023(118):103215.

［14］González Rivas David Alejandro,Tapia Silva Felipe Omar. Estimating the shrimp farm's production and their future growth prediction by remote sensing：Case study Gulf of California［J］. Frontiers in Marine Science,2023(10):1130125(Open Access).

［15］Kwak Taehong,Kim Yongil. Semi-Supervised Land Cover Classification of Remote Sensing Imagery Using CycleGAN and EfficientNet［J］. KSCE Journal of Civil Engineering,2023,27(4):1760-1773.

［16］He Tao, Zhou Houkui, Xu Caiyao, et al. Deep Learning in Forest Tree Species

Classification Using Sentinel-2 on Google Earth Engine: A Case Study of Qingyuan County [J]. Sustainability,2023,15(3):2741.

[17] Gong P, Howarth P J. Frequency-based contextual classification and gray-level vector reduction for land-use identification[J]. Photogrammetric engineering and remote sensing, 1992, 58(4): 423-437.

[18] Kontoes C, Wilkinson G, Burrill A, et al. An experimental system for the integration of GIS data in knowledge-based image analysis for remote sensing of agriculture [J]. International Journal of Geographical Information Science, 1993, 7(3): 247-262.

[19] Foody G. Approaches for the production and evaluation of fuzzy land cover classifications from remotely-sensed data[J]. International Journal of Remote Sensing, 1996, 17(7): 1317-1340.

[20] San Miguel-Ayanz J, Biging G S. Comparison of single-stage and multi-stage classification approaches for cover type mapping with TM and SPOT data [J]. Remote Sensing of Environment, 1997, 59(1): 92-104.

[21] Aplin P, Atkinson P, Curran P. Per-field classification of land use using the forthcoming very fine resolution satellite sensors: problems and potential solutions[J]. Adrvances in remote sensing and GIS analysis,1999(1): 219-239.

[22] Stuckens J, Coppin P, Bauer M. Integrating contextual information with per-pixel classification for improved land cover classification[J]. Remote Sensing of Environment, 2000, 71(3): 282-296.

[23] Franklin S, Wulder M. Remote sensing methods in medium spatial resolution satellite data land cover classification of large areas[J]. Progress in Physical Geography, 2002, 26 (2): 173.

[24] Pal M, Mather P M. An assessment of the effectiveness of decision tree methods for land cover classification[J]. Remote Sensing of Environment, 2003, 86(4): 554-565.

[25] Gallego F. Remote sensing and land cover area estimation[J]. International Journal of Remote Sensing, 2004, 25(15): 3019-3047.

[26] Cihlar J. Land cover mapping of large areas from satellites: status and research priorities [J]. International Journal of Remote Sensing, 2000, 21(6): 1093-1114.

[27] Tso B, Mather P M. Classification methods for remotely sensed data[M]. New York: Taylor and Francis Inc, 2001.

[28] Landgrebe D A. Signal theory methods in multispectral remote sensing[M]. Hoboken: Wiley-Interscience, 2003.

[29] Lu D, Weng Q. A survey of image classification methods and techniques for improving classification performance[J]. International Journal of Remote Sensing, 2007, 28(5): 823-870.

[30] Paola J, Schowengerdt R. A review and analysis of backpropagation neural networks for classification of remotely-sensed multi-spectral imagery [J]. International Journal of Remote Sensing, 1995, 16(16): 3033-3058.

[31] Foody G M. Status of land cover classification accuracy assessment[J]. Remote Sensing of Environment, 2002, 80(1): 185-201.

[32] DeFries R, Chan J C W. Multiple criteria for evaluating machine learning algorithms for land cover classification from satellite data[J]. Remote Sensing of Environment, 2000, 74 (3): 503-515.

[33] Friedl M A, Brodley C E, Strahler A H. Maximizing land cover classification accuracies produced by decision trees at continental to global scales[J]. Geoscience and Remote Sensing, IEEE Transactions on, 2002, 37(2): 969-977.

[34] Lawrence R, Bunn A, Powell S, et al. Classification of remotely sensed imagery using stochastic gradient boosting as a refinement of classification tree analysis[J]. Remote Sensing of Environment, 2004, 90(3): 331-336.

[35] Kim H C, Pang S, Je H M, et al. Constructing support vector machine ensemble[J]. Pattern Recognition, 2003, 36(12): 2757-2767.

[36] Ratle F, Camps-Valls G, Weston J. Semisupervised Neural Networks for Efficient Hyperspectral Image Classification [J]. IEEE Transactions on Geoscience and Remote Sensing, 2010, 48(5): 2271-2282.

[37] Fisher P. The pixel: a snare and a delusion[J]. International Journal of Remote Sensing, 1997, 18(3): 679-685.

[38] Cracknell A. Synergy in remote sensing—what s in a pixel? [J]. International Journal of Remote Sensing, 1998, 19(11): 2025-2047.

[39] Foody G, Cox D. Sub-pixel land cover composition estimation using a linear mixture model and fuzzy membership functions[J]. International Journal of Remote Sensing, 1994, 15 (3): 619-631.

[40] Binaghi E, Brivio P A, Ghezzi P, et al. A fuzzy set-based accuracy assessment of soft classification[J]. Pattern Recognition Letters, 1999, 20(9): 935-948.

[41] Ricotta C. The influence of fuzzy set theory on the areal extent of thematic map classes [J]. International Journal of Remote Sensing, 1999, 20(1): 201-205.

[42] Woodcock C E, Gopal S. Fuzzy set theory and thematic maps: accuracy assessment and area estimation[J]. International Journal of Geographical Information Science, 2000, 14 (2): 153-172.

[43] Bloch I. Information combination operators for data fusion: A comparative review with classification[J]. Systems, Man and Cybernetics, Part A: Systems and Humans, IEEE Transactions on, 2002, 26(1): 52-67.

[44] Schowengerdt R. On the estimation of spatial-spectral mixing with classifier likelihood functions[J]. Pattern Recognition Letters, 1996, 17(13): 1379-1387.

[45] Huguenin R L, Karaska M A, Van Blaricom D, et al. Subpixel classification of bald cypress and tupelo gum trees in thematic mapper imagery [J]. Photogrammetric engineering and remote sensing, 1997, 63(6): 717-724.

[46] Foody G M, Atkinson P, Tate N. Image classification with a neural network: from completely-crisp to fully-fuzzy situation[J]. Advances in remote sensing and GIS analysis, 1999(1): 17-37.

[47] Kulkarni A D, Lulla K. Fuzzy neural network models for supervised classification: multispectral image analysis[J]. Geocarto International, 1999, 14(4): 42-51.

[48] Mannan B, Ray A. Crisp and fuzzy competitive learning networks for supervised classification of multispectral IRS scenes[J]. International Journal of Remote Sensing, 2003, 24(17): 3491-3502.

[49] Masellil F, Rodolfi A, Conese C. Fuzzy classification of spatially degraded Thematic Mapper data for the estimation of sub-pixel components [J]. International Journal of Remote Sensing, 1996, 17(3): 537-551.

[50] Foody G. Sharpening fuzzy classification output to refine the representation of sub-pixel land cover distribution[J]. International Journal of Remote Sensing, 1998, 19(13): 2593-2599.

[51] Mannan B, Roy J, Ray A. Fuzzy ARTMAP supervised classification of multi-spectral remotely-sensed images[J]. International Journal of Remote Sensing, 1998, 19(4): 767-774.

[52] Zhang J, Kirby R P. Alternative criteria for defining fuzzy boundaries based on fuzzy classification of aerial photographs and satellite images[J]. Photogrammetric Engineering and Remote Sensing, 1999, 65(12): 1379-1388.

[53] Adams J B, Sabol D E, Kapos V, et al. Classification of multispectral images based on fractions of endmembers: Application to land-cover change in the Brazilian Amazon[J]. Remote Sensing of Environment, 1995, 52(2): 137-154.

[54] Roberts D A, Gardner M, Church R, et al. Mapping chaparral in the Santa Monica Mountains using multiple endmember spectral mixture models [J]. Remote Sensing of Environment, 1998, 65(3): 267-279.

[55] Rashed T, Weeks J R, Gadalla M S, et al. Revealing the Anatomy of Cities through Spectral Mixture Analysis of Multispectral Satellite Imagery: A Case Study of the Greater Cairo Region, Egypt[J]. Geocarto International, 2001, 16(4): 7-18.

[56] Lu D, Moran E, Batistella M. Linear mixture model applied to Amazonian vegetation classification[J]. Remote Sensing of Environment, 2003, 87(4): 456-469.

[57] Roberts D, Batista G, Pereira J, et al. Change identification using multitemporal spectral mixture analysis: applications in Eastern Amazonia[M] // Lunetta R S, Elvidge C D. In Remote sensing change detection: environmental monitoring methods and applications. Chelsea, Mich: Ann Arbor Press,1999:137-161.

[58] Smith M O, Ustin S L, Adams J B, et al. Vegetation in deserts: I. A regional measure of abundance from multispectral images[J]. Remote Sensing of Environment, 1990, 31(1): 1-26.

[59] Adams J B, Smith M O, Gillespie A R. Imaging spectroscopy: Interpretation based on spectral mixture analysis[M] // Pieters C M, Englert P A. Remote geochemical analysis: Elemental and mineralogical composition. New York: University of Cambridge Press,1993: 145-166.

[60] Roberts D, Smith M, Adams J. Green vegetation, nonphotosynthetic vegetation, and soils in AVIRIS data[J]. Remote Sensing of Environment, 1993, 44(2-3): 255-269.

[61] Settle J, Drake N. Linear mixing and the estimation of ground cover proportions[J]. International Journal of Remote Sensing, 1993, 14(6): 1159-1177.

[62] Bateson A, Curtiss B. A method for manual endmember selection and spectral unmixing [J]. Remote Sensing of Environment, 1996, 55(3): 229-243.

[63] Tompkins S, Mustard J F, Pieters C M, et al. Optimization of endmembers for spectral mixture analysis[J]. Remote Sensing of Environment, 1997, 59(3): 472-489.

[64] Garcia-Haro F, Gilabert M, Melia J. Extraction of endmembers from spectral mixtures [J]. Remote Sensing of Environment, 1999, 68(3): 237-253.

[65] Mustard J F, Sunshine J M. Spectral analysis for earth science: investigations using remote sensing data [J]. Manual of Remote Sensing: Remote sensing for the earth sciences, 1999(3): 251-307.

[66] Van Der Meer F. Iterative spectral unmixing (ISU)[J]. International Journal of Remote Sensing, 1999, 20(17): 3431-3436.

[67] Maselli F. Definition of spatially variable spectral endmembers by locally calibrated multivariate regression analyses[J]. Remote Sensing of Environment, 2001, 75(1): 29-38.

[68] Dennison P E, Roberts D A. Endmember selection for multiple endmember spectral mixture analysis using endmember average RMSE[J]. Remote Sensing of Environment, 2003, 87(2-3): 123-135.

[69] Theseira M, Thomas G, Taylor J, et al. Sensitivity of mixture modelling to end-member selection[J]. International Journal of Remote Sensing, 2003, 24(7): 1559-1575.

[70] Small C. The Landsat ETM+ spectral mixing space[J]. Remote Sensing of Environment, 2004, 93(1-2): 1-17.

[71] Shimabukuro Y, Batista G, Mello E, et al. Using shade fraction image segmentation to evaluate deforestation in Landsat Thematic Mapper images of the Amazon region [J]. International Journal of Remote Sensing, 1998, 19(3): 535-541.

[72] Aplin P, Atkinson P M, Curran P J. Fine spatial resolution simulated satellite sensor imagery for land cover mapping in the United Kingdom [J]. Remote Sensing of Environment, 1999, 68(3): 206-216.

[73] Aplin P, Atkinson P. Sub-pixel land cover mapping for per-field classification [J]. International Journal of Remote Sensing, 2001, 22(14): 2853-2858.

[74] Dean A, Smith G. An evaluation of per-parcel land cover mapping using maximum likelihood class probabilities [J]. International Journal of Remote Sensing, 2003, 24 (14): 2905-2920.

[75] Lloyd C, Berberoglu S, Curran P, et al. A comparison of texture measures for the per-field classification of Mediterranean land cover [J]. International Journal of Remote Sensing, 2004, 25(19): 3943-3965.

[76] Lobo A, Chic O, Casterad A. Classification of Mediterranean crops with multisensor data: per-pixel versus per-object statistics and image segmentation [J]. International Journal of Remote Sensing, 1996, 17(12): 2385-2400.

[77] Janssen L L F, Molenaar M. Terrain objects, their dynamics and their monitoring by the integration of GIS and remote sensing [J]. Geoscience and Remote Sensing, IEEE Transactions on, 2002, 33(3): 749-758.

[78] Thomas N, Hendrix C, Congalton R G. A comparison of urban mapping methods using high-resolution digital imagery [J]. Photogrammetric engineering and remote sensing, 2003, 69(9): 963-972.

[79] Benz U C, Hofmann P, Willhauck G, et al. Multi-resolution, object-oriented fuzzy analysis of remote sensing data for GIS-ready information [J]. ISPRS Journal of Photogrammetry and Remote Sensing, 2004, 58(3-4): 239-258.

[80] Gitas I Z, Mitri G H, Ventura G. Object-based image classification for burned area mapping of Creus Cape, Spain, using NOAA-AVHRR imagery [J]. Remote Sensing of Environment, 2004, 92(3): 409-413.

[81] Walter V. Object-based classification of remote sensing data for change detection [J]. ISPRS Journal of Photogrammetry and Remote Sensing, 2004, 58(3-4): 225-238.

[82] Hodgson M E, Jensen J R, Tullis J A, et al. Synergistic use of lidar and color aerial photography for mapping urban parcel imperviousness [J]. Photogrammetric engineering and remote sensing, 2003, 69(9): 973-980.

[83] Kartikeyan B, Gopalakrishna B, Kalubarme M, et al. Contextual techniques for classification of high and low resolution remote sensing data [J]. International Journal of

Remote Sensing, 1994, 15(5): 1037-1051.

[84] Flygare A. A comparison of contextual classification methods using Landsat TM [J]. International Journal of Remote Sensing, 1997, 18(18): 3835-3842.

[85] Sharma K, Sarkar A. A modified contextual classification technique for remote sensing data[J]. Photogrammetric Engineering and Remote Sensing, 1998, 64(4): 273-280.

[86] Keuchel J, Naumann S, Heiler M, et al. Automatic land cover analysis for Tenerife by supervised classification using remotely sensed data[J]. Remote Sensing of Environment, 2003, 86(4): 530-541.

[87] Magnussen S, Boudewyn P, Wulder M. Contextual classification of Landsat TM images to forest inventory cover types[J]. International Journal of Remote Sensing, 2004, 25(12): 2421-2440.

[88] Hubert-Moy L, Cotonnec A, Le Du L, et al. A comparison of parametric classification procedures of remotely sensed data applied on different landscape units [J]. Remote Sensing of Environment, 2001, 75(2): 174-187.

[89] Cortijo F J, De La Blanca N P. Improving classical contextual classifications [J]. International Journal of Remote Sensing, 1998, 19(8): 1591-1613.

[90] Kartikeyan B, Sarkar A, Majumder K. A segmentation approach to classification of remote sensing imagery [J]. International Journal of Remote Sensing, 1998, 19 (9): 1695-1709.

[91] Binaghi E, Madella P, Montesano G, et al. Fuzzy contextual classification of multisource remote sensing images [J]. Geoscience and Remote Sensing, IEEE Transactions on, 2002, 35(2): 326-340.

[92] Franklin J, Phinn S R, Woodcock C E, et al. Rationale and conceptual framework for classification approaches to assess forest resources and properties[J] Remote Sensing of Forest Environments. 2003:279-300.

[93] Tso B, Mather P M. Classification methods for remotely sensed data[M]. New York: CRC & Press & LLC, 2009.

[94] Lu D, Mausel P, Batistella M, et al. Comparison of land-cover classification methods in the Brazilian Amazon Basin[J]. Photogrammetric engineering and remote sensing, 2004, 70(6): 723-732.

[95] Warrender C E, Augusteijn M F. Fusion of image classifications using Bayesian techniques with Markov random fields[J]. International Journal of Remote Sensing, 1999, 20(10): 1987-2002.

[96] Steele B M. Combining Multiple Classifiers: An Application Using Spatial and Remotely Sensed Information for Land Cover Type Mapping[J]. Remote Sensing of Environment, 2000, 74(3): 545-556.

[97] Benediktsson J A, Kanellopoulos I. Classification of multisource and hyperspectral data based on decision fusion[J]. Geoscience and Remote Sensing, IEEE Transactions on, 2002, 37(3): 1367-1377.

[98] Huang Z, Lees B. Combining Non-Parametric based models for multisource predictive forest mapping[J]. Photogrammetric engineering and remote sensing, 2004(70): 415-425.

[99] Liu W, Gopal S, Woodcock C E. Uncertainty and confidence in land cover classification using a hybrid classifier approach[J]. Photogrammetric engineering and remote sensing, 2004, 70(8): 963-972.

[100] Myint S W, Lam N S N, Tyler J M. Wavelets for urban spatial feature discrimination: comparisons with fractal, spatial autocorrelation, and spatial co-occurrence approaches [J]. Photogrammetric engineering and remote sensing, 2004, 70(7): 803-812.

[101] Meher S K, Shankar B U, Ghosh A. Wavelet-feature-based classifiers for multispectral remote-sensing images[J]. Geoscience and Remote Sensing, IEEE Transactions on, 2007, 45(6): 1881-1886.

[102] Ouma Y, Tetuko J, Tateishi R. Analysis of co-occurrence and discrete wavelet transform textures for differentiation of forest and non-forest vegetation in very-high-resolution optical-sensor imagery[J]. International Journal of Remote Sensing, 2008, 29(12): 3417-3456.

[103] Huang X, Zhang L, Li P. Classification and extraction of spatial features in urban areas using high-resolution multispectral imagery[J]. Geoscience and Remote Sensing Letters, IEEE Transactions on, 2007, 4(2): 260-264.

[104] Epifanio I, Soille P. Morphological texture features for unsupervised and supervised segmentations of natural landscapes[J]. Geoscience and Remote Sensing, IEEE Transactions on, 2007, 45(4): 1074-1083.

[105] Huang X, Zhang L, Li P. An adaptive multiscale information fusion approach for feature extraction and classification of IKONOS multispectral imagery over urban areas[J]. Geoscience and Remote Sensing Letters, IEEE Transactions on, 2007, 4(4): 654-658.

[106] Quinlan R. Introduction of decision trees[J]. Machine learning, 1986, 1(1): 81-106.

[107] Friedl M A, Brodley C E, Strahler A H. Maximizing land cover classification accuracies produced by decision trees at continental to global scales[J]. IEEE Transactions on Geoscience and Remote Sensing, 1999, 37(2): 969-977.

[108] 邸凯昌, 李德仁, 李德毅. 基于空间数据挖掘的遥感图像分类研究[J]. 武汉测绘科技大学学报, 2000, 125(1): 42-48.

[109] 李德仁, 王树良, 李德毅, 等. 论空间数据挖掘和知识发现的理论与方法[J]. 武汉大学学报(信息科学版), 2002, 27(3): 221-233.

[110] Hansen M, Dubayah R, DeFries R. Classification trees: an alternative to traditional land cover classifiers[J]. International Journal of Remote Sensing, 1996, 17(5): 1075-1081.

[111] Duda R O, Hart P E, Stork D G, 等. 模式分类[M]. 北京: 机械工业出版社, 2003.

[112] Breiman L. Classification and regression trees[M]. New York: Rontledge & CRC, 1984.

[113] 赵庆玉. 决策树算法的研究与实现[D]. 北京: 清华大学, 2000.

[114] 朱明. 数据挖掘[M]. 合肥: 中国科学技术大学出版社, 2002.

[115] 尹阿东. 分类发现的决策树技术研究[D]. 北京: 北京科技大学, 2004.

[116] Quinlan J R. C4.5: programs for machine learning[M]. Massachusetts: Morgan Kaufmann Publishers, 1993.

[117] Garofalakis M, Hyun D, Rastogi R, et al. Efficient algorithms for constructing decision trees with constraints[C]//New York: Association for Computing Machinery, 2000: 335-339.

[118] Tesprasit V, Charoenpornsawat P, Sornlertlamvanich V. A context-sensitive homograph disambiguation in Thai text-to-speech synthesis[C] // Stroudsburg: Association for Computational Linguistics, 2003: 103-105.

[119] Quinlan J R. Learning efficient classification procedures and their application to chess end games[M]. Machine learning. Cambridge: Morgan Kaufmann, 1983: 463-482.

[120] Hong T P, Tseng S S. Comparison of ID3 and its generalized version[C]//1992 Fourth International Conference on Computing and Information. Washington: IEEE Computer Society, 1992: 241-244.

[121] Indurkhya N, Weiss S M. Estimating Performance Gains for Voted Decision Trees[J]. Intelligent Data Analysis, 1998, 2(4): 303-310.

[122] Waterhouse S R. Classification and regression using mixtures of experts[D]. Cambridge: University of Cambridge, 1998.

[123] Mehta M, Agrawal R, Rissanen J. SLIQ: A fast scalable classifier for data mining[C]// Heidelberg: Springer Berlin, 1996: 18-32.

[124] Shafer J, Agrawal R, Mehta M. SPRINT: A scalable parallel classifier for data mining [C]//Bombay: Vldb. 1996: 544-555.

[125] Kamber M, Winstone L, Gong W, et al. Generalization and decision tree induction: efficient classification in data mining[C]//NewYork: IEEE, 1997: 111-120.

[126] 刘胜军, 陆勤. 一种基于泛化的在线分类规则挖掘算法[J]. 计算机应用研究, 2000, 17(6): 8-9.

[127] 杨学兵, 蔡庆生. 一种基于概念层次的分类规则挖掘算法研究[J]. 华中科技大学学报, 2001, 29(9): 18-21.

[128] 王大玲,于戈. 一种基于关联性度量的决策树分类方法[J]. 东北大学学报, 2001, 22(5): 481-484.

[129] Rastogi R, Shim K. Public: A decision tree classifier that integrates building and pruning [J]. Data Mining and Knowledge Discovery, 2000, 4(4): 315-344.

[130] Freund Y. Boosting a weak learning algorithm by majority [J]. Information and computation, 1995, 121(2): 256-285.

[131] Freund Y, Schapire R. A desicion-theoretic generalization of on-line learning and an application to boosting[J]. Journal of Computer and System Sciences, 1996, 55(1): 119-139.

[132] Schlimmer J C, Fisher D. A case study of incremental concept induction [M]. California: University of California, Irvine, Department of Information and Computer Science, 1986.

[133] Utgoff, Paul E. ID5: an incremental ID3 [M]. Cambridge: Morgan Kaufmann, 1988.

[134] Ming Ting K, Zheng Z. Boosting trees for cost-sensitive classifications[C]// Heidelberg: Springer, 1998: 190-195.

[135] Carreras X, Marquez L. Boosting trees for anti-spam email filtering[J]. New York: arXiv,0109015:1-14.

[136] Gehrke J, Ramakrishnan R, Ganti V. RainForest- A framework for fast decision tree construction of large datasets[J]. Data Mining and Knowledge Discovery, 2000, 4(2): 127-162.

[137] Ruggieri S. Efficient C4. 5 [classification algorithm] [J]. IEEE Transactions on Knowledge and Data Engineering, 2002, 14(2): 438-444.

[138] Alsabti K, Ranka S, Singh V. CLOUDS: A decision tree classifier for large datasets[J]. Proceedings of the Fourth International Conference on Knowledge Discovery and Data Mining, 1998(1):2-8.

[139] Srivastava A, Singh V. An efficient, scalable, parallel classifier for data mining [J]. Computer Science & Engineering, 1997, 215295:1-10.

[140] Mingers J. An empirical comparison of selection measures for decision-treeinduction[J]. Machine learning, 1989, 3(4): 319-342.

[141] Buntine W, Niblett T. A further comparison of splitting rules for decision-tree induction [J]. Machine learning, 1992, 8(1): 75-85.

[142] Wolpert D H. Stacked generalization[J]. Neural networks, 1992, 5(2): 241-259.

[143] Breiman L. Bagging predictors[J]. Machine learning, 1996, 24(2): 123-140.

[144] Ho T K. The random subspace method for constructing decision forests [J]. IEEE Transactions on Pattern Analysis and Machine Intelligence, 1998, 20(8): 832-844.

[145] Breiman L. Random forests[J]. Machine learning, 2001, 45(1): 5-32.

[146] Geurts P, Ernst D, Wehenkel L. Extremely randomized trees[J]. Machine learning, 2006, 63(1): 3-42.

[147] Landgrebe D, On information extraction principles for hyperspectral data: A white paper, [J]. 1997.

[148] Landgrebe D. Information extraction principles and methods for multispectral and hyperspectral image data[M]. Information processing for remote sensing. Singapore: world scientific. 1999.

[149] Landgrebe D. On the relationship between class definition precision and classification accuracy in hyperspectral analysis, 2000(1):147-149.

[150] Landgrebe D A. Toward a maximally effective means for analysis of hyperspectral data [C]∥ Image and Signal Processing for Remote Sensing Ⅶ. Heidelberg: Springer Berlin, 2002, 4541: 264-269.

[151] Landgrebe D A. On Progress toward information-extraction methods for hyperspectral data [C]∥ Imaging Spectrometry Ⅲ. Heidelberg: Springer Berlin, 1997, 3118: 208-218.

[152] Landgrebe D A. Some fundamentals and methods for hyperspectral image data analysis [C]∥ Systems and technologies for clinical diagnostics and drug discovery Ⅱ. Heidelberg: Springer Berlin, 1999, 3603: 104-113.

[153] 张良培, 张立福. 高光谱遥感[M]. 武汉: 武汉大学出版社, 2005.

[154] Goetz S. Multi-sensor analysis of NDVI, surface temperature and biophysical variables at a mixed grassland site[J]. International Journal of Remote Sensing, 1997, 18(1): 71-94.

[155] Zhang L, Furumi S, Muramatsu K, et al. A new vegetation index based on the universal pattern decomposition method[J]. International Journal of Remote Sensing, 2007, 28 (1): 107-124.

[156] Hruschka E R, Ebecken N F F. Rule extraction from neural networks: modified RX algorithm[J]. International Joint Conterence on Neural Networks IEEE, 1999(4): 2504-2508.

[157] Kwon H, Nasrabadi N M. Kernel RX-algorithm: a nonlinear anomaly detector for hyperspectral imagery [J]. IEEE Transactions on Geoscience and Remote Sensing, 2005, 43(2): 388-397.

[158] Chang C I. Orthogonal subspace projection (OSP) revisited: A comprehensive study and analysis[J]. IEEE Transactions on Geoscience and Remote Sensing, 2005, 43(3): 502-518.

[159] Chiang S S, Chang C I, Ginsberg I W. Unsupervised target detection in hyperspectral images using projection pursuit[J]. Geoscience and Remote Sensing, IEEE Transactions on, 2001, 39(7): 1380-1391.

[160] Settle J. On constrained energy minimization and the partial unmixing of multispectral images[J]. Geoscience and Remote Sensing, IEEE Transactions on, 2002, 40(3): 718-721.

[161] Roberts D, Batista G, Pereira J, et al. Change identification using multitemporal spectral mixture analysis: Applications in eastern Amazonia [J]. Remote Sensing Change Detection: Environmental Monitoring Applications, 1998(5): 137-161.

[162] Kwon H, Nasrabadi N M. Kernel adaptive subspace detector for hyperspectral imagery [J]. Geoscience and Remote Sensing Letters, IEEE, 2006, 3(2): 271-275.

[163] Bowles J H, Palmadesso P J, Antoniades J A, et al. Use of filter vectors in hyperspectral data analysis[J]. Infrared Spaceborne Remote Sensing Ⅲ. 1995, 2553(2): 148-157.

[164] Nascimento J M P, Dias J M B. Vertex component analysis: A fast algorithm to unmix hyperspectral data[J]. Geoscience and Remote Sensing, IEEE Transactions on, 2005, 43(4): 898-910.

[165] Neville R. Automatic endmember extraction from hyperspectral data for mineral exploration [C]//International Airborne Remote Sensing Conference and Exhibition, 4th Canadian Symposium on Remote Sensing, Ottawa, Canada. Heidelberg: Springer Berlin, 1999: 821-828.

[166] Berman M, Kiiveri H, Lagerstrom R, et al. ICE: A statistical approach to identifying endmembers in hyperspectral images [J]. Geoscience and Remote Sensing, IEEE Transactions on, 2004, 42(10): 2085-2095.

[167] Plaza A, Martinez P, Perez R, et al. A quantitative and comparative analysis of endmember extraction algorithms from hyperspectral data[J]. Geoscience and Remote Sensing, IEEE Transactions on, 2004, 42(3): 650-663.

[168] Atkinson P, Cutler M, Lewis H. Mapping sub-pixel proportional land cover with AVHRR imagery[J]. International Journal of Remote Sensing, 1997, 18(4): 917-935.

[169] Bajcsy P, Groves P. Methodology for hyperspectral band selection[J]. PhotograMmetric Engineering and Remote Sensing, 2004, 70: 793-802.

[170] Chavez P, Berlin G, Sowers L. Statistical method for selecting Landsat MSS ratios[J]. Journal of Applied Photographic Engineering, 1982, 8(1): 23-30.

[171] Gu Y, Zhang Y. Unsupervised subspace linear spectral mixture analysis for hyperspectral images[C]// Berkeley: IEEE,2003(1): 783-801.

[172] 王立国, 谷延锋, 张晔. 基于支持向量机和子空间划分的波段选择方法[J]. 系统工程与电子技术, 2005, 27(6):974-977.

[173] Velez-Reyes M, Jimenez-Rodriguez L O, Linares D M, et al. Comparison of matrix factorization algorithms for band selection in hyperspectral imagery[C]//Washington, D. C.: SPIE, 2000, 4049: 288-297.

[174] Huang R, He M. Band selection based on feature weighting for classification of hyperspectral data[J]. Geoscience and Remote Sensing Letters, IEEE, 2005, 2(2): 156-159.

[175] 刘建平, 赵英时, 孙淑玲. 高光谱遥感数据最佳波段选择方法试验研究[J]. 遥感技术与应用, 2001, 16(1): 7-13.

[176] Keshava N. Distance metrics and band selection in hyperspectral processing with applications to material identification and spectral libraries[J]. Geoscience and Remote Sensing, IEEE Transactions on, 2004, 42(7): 1552-1565.

[177] 杨金红. 高光谱遥感数据最佳波段选择方法研究[D]. 南京:南京信息工程大学, 2005.

[178] 李德仁. 论 21 世纪遥感与 GIS 的发展[J]. 武汉大学学报(信息科学版), 2003, 28(2): 127-131.

[179] 宫鹏, 黎夏, 徐冰. 高分辨率影像解译理论与应用方法中的一些研究问题[J]. 遥感学报, 2006, 10(1): 1-5.

[180] 马廷. 高分辨率卫星影像及其信息处理的技术模型[J]. 遥感信息, 2001(3):6-10.

[181] 田新光. 面向对象高分辨率遥感影像信息提取[D]. 北京:中国测绘科学研究院, 2007.

[182] Qi Y, Wu J. Effects of changing spatial resolution on the results of landscape pattern analysis using spatial autocorrelation indices[J]. Landscape Ecology, 1996, 11(1): 39-49.

[183] Kettig R, Landgrebe D. Classification of multispectral image data byextraction and classification of homogeneous objects[J]. Geoscience Electronics, IEEE Transactions on, 1976, 14(1): 19-26.

[184] Baatz M. Object-oriented and multi-scale image analysis in semantic networks[C]// Enschede. ITC. 1999, 16: 7-13.

[185] 曹宝, 秦其明, 马海建, 等. 面向对象方法在 SPOT5 遥感图像分类中的应用——以北京市海淀区为例[J]. 地理与地理信息科学, 2006, 22(2): 46-49.

[186] Blaschke T, Hay G J. Object-oriented image analysis and scale-space: theory and methods for modeling and evaluating multiscale landscape structure[J]. International Archives of Photogrammetry and Remote Sensing, 2001, 34(4): 22-29.

[187] 陈述彭, 赵英时. 遥感地学分析[M]. 北京:测绘出版社, 1990.

[188] Hay G J, Blaschke T, Marceau D J, et al. A comparison of three image-object methods for the multiscale analysis of landscape structure[J]. ISPRS Journal of Photogrammetry and Remote Sensing, 2003, 57(5-6): 327-345.

[189] Li P, Xiao X. Multispectral image segmentation by a multichannel watershed-based approach[J]. International Journal of Remote Sensing, 2007, 28(19): 4429-4452.

[190] Wang L, Sousa W, Gong P. Integration of object-based and pixel-based classification for mapping mangroves with IKONOS imagery[J]. International Journal of Remote Sensing, 2004, 25(24): 5655-5668.

[191] Bruzzone L, Carlin L. A multilevel context-based system for classification of very high spatial resolution images[J]. Geoscience and Remote Sensing, IEEE Transactions on, 2006, 44(9): 2587-2600.

[192] Gamba P, Dell'Acqua F, Lisini G, et al. Improved VHR urban area mapping exploiting object boundaries[J]. Geoscience and Remote Sensing, IEEE Transactions on, 2007, 45(8): 2676-2682.

[193] Yu Q, Gong P, Clinton N, et al. Object-based detailed vegetation classification with airborne high spatial resolution remote sensing imagery[J]. Photogrammetric engineering and remote sensing, 2006, 72(7): 799.

[194] Wang L, Sousa W P, Gong P, et al. Comparison of IKONOS and QuickBird images for mapping mangrove species on the Caribbean coast of Panama[J]. Remote Sensing of Environment, 2004, 91(3-4): 432-440.

[195] Waske B, van der Linden S. Classifying multilevel imagery from SAR andoptical sensors by decision fusion[J]. Geoscience and Remote Sensing, IEEE Transactions on, 2008, 46(5): 1457-1466.

[196] 章毓晋. 图像分割[M]. 北京:科学出版社, 2001.

[197] 章毓晋. 图象工程 上册:图象处理和分析[M]. 北京:清华大学出版社,1999.

[198] Sonka M. 图像处理,分析与机器视觉[M]. 北京:人民邮电出版社, 2002.

[199] 孙即祥. 图像分析[M]. 北京:科学出版社, 2005.

[200] Bieniek A, Moga A. An efficient watershed algorithm based on connected components [J]. Pattern Recognition, 2000, 33(6): 907-916.

[201] 卢官明. 区域生长型分水岭算法及其在图像序列分割中的应用[J]. 南京邮电学院学报, 2000, 20(3): 51-54.

[202] Bicego M, Cristani M, Fusiello A, et al. Watershed-based unsupervised clustering[C]// Heidelberg: Springer Berlin Heidelberg, 2003: 83-94.

[203] Hill P R, Canagarajah C N, Bull D R. Image segmentation using a texture gradient based watershed transform[J]. Image Processing, IEEE Transactions on, 2003, 12(12): 1618-1633.

[204] Jung C R. Multiscale image segmentation using wavelets and watersheds[C]//Berkeley: IEEE, 2003: 278-284.

[205] Pan C, Zheng C X, Wang H J. Robust color image segmentation based on mean shift and marker-controlled watershed algorithm[C]// Berkeley: IEEE, 2003, 5: 2752-2756.

[206] 龚天旭, 彭嘉雄. 基于分水岭变换的彩色图像分割[J]. 华中科技大学学报(自然

科学版），2003，31（9）：74-76.

[207] Vincent L, Soille P. Watersheds in digital spaces: an efficient algorithm based on immersion simulations [J]. IEEE Transactions on Pattern Analysis and Machine Intelligence, 1991: 583-598.

[208] Sonka M, 艾海舟, 武勃. 图像处理, 分析与机器视觉[M]. 北京：人民邮电出版社, 2003.

[209] De Smet, Patrick, Rui Luis VPM Pires. Implementation and analysis of an optimized rainfalling watershed algorithm[C]∥ Washington, D. C. : SPIE, 2000, 3974: 759-766.

[210] Lotufo R, Silva W. Minimal set of markers for the watershed transform[C]∥ New York: Association for Computing Machinery, 2002: 359-368.

[211] Bleau A, Leon L J. Watershed-based segmentation and region merging[J]. Computer Vision and Image Understanding, 2000, 77(3): 317-370.

[212] 龚剑. 一种基于分水岭和模糊聚类的多级图像分割算法[J]. 第一军医大学学报, 2004, 24(3): 329-331.